世界軍機 TOP 50

歷經戰鬥洗禮的
各國經典王牌戰機

湯瑪斯·紐迪克

人人出版

Project Editor: Michael Spilling
Designer: Colin Fielder
Picture Research: Terry Forshaw
Additional text: Martin J. Dougherty

【世界飛機系列 6】

世界軍機 TOP50
歷經戰鬥洗禮的各國經典王牌戰機

作者／湯瑪斯·紐迪克

特約主編／王存立

翻譯／李世平

選書人／李雁寒

編輯／蔣詩綺

發行人／周元白

出版者／人人出版股份有限公司

地址／231028新北市新店區寶橋路235巷6弄6號7樓

電話／(02)2918-3366（代表號）

傳真／(02)2914-0000

網址／www.jjp.com.tw

郵政劃撥帳號／16402311人人出版股份有限公司

製版印刷／長城製版印刷股份有限公司

電話／(02)2918-3366（代表號）

經銷商／聯合發行股份有限公司

電話／(02)2917-8022

香港經銷商／一代匯集

電話／（852）2783-8102

第一版第一刷／2022年7月

定價／新台幣630元

港幣210元

國家圖書館出版品預行編目(CIP)資料

世界軍機TOP50：歷經戰鬥洗禮的各國經典王牌戰機 /
湯瑪斯.紐迪克作；李世平翻譯. -- 第一版. --
新北市：人人出版股份有限公司, 2022.07
　　面；　公分. -- (世界飛機系列；6)
譯自：Top 50 military aircraft
ISBN 978-986-461-292-5(平裝)

1.CST: 軍機

598.6　　　　　　　　　　　　　111007529

目次

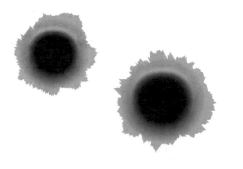

引言

本書對史上最佳的50架軍機進行排名，依序列出第50名到第1名。這些飛機之所以入選，是基於其整體表現優於同期的其他飛機。

如何在眾多競爭者中選出50架最佳軍用飛機？可依一系列的標準做出選擇。主觀上來說，以下頁面所列的飛機都滿足某些關鍵要求。

要選出50架最佳定翼軍機，首要判定的是那些服役後令人印象深刻的戰機。其次，排除了一些可列入排名的最佳軍用直升機，只考慮定翼機型評比，也使擇選工作變得容易了些。

戰鬥驗證

這些飛機大多數都曾經投入戰鬥並產生一定的影響，實戰成功畢竟是偉大軍用飛機的真正標竿。另一方面，飛機發展的步伐（尤其是在戰時）意謂著許多首次亮相的飛機在面對過時的對手時，迅速地在戰役中取勝。這方面較具代表性的例子是福克E系列和容克斯Ju 87俯衝轟炸機，這兩款德國戰機先後在一戰與二戰中預示著空戰方式的重大變化，然而，福克E單翼戰鬥機的主宰地位——所謂的「福克天災」（Fokker scourge）——已於1916年初結束。至於俯衝轟炸機則成為早期納粹德國眾多成功戰爭機器歷久不衰的象徵，但到了1941年，它原先扮演的角色已然過時。也許是這個原因，導致一些值得考慮的機型差點就能上榜，最終卻沒有入選本書。

一戰時期的軍機也許是本書最明顯的遺漏，至少對英語系讀者來說，索普威思駱駝式（Sopwith Camel）雙翼戰鬥機就是如此。駱駝式戰鬥機的飛行機動性很強，操作它的飛行員們總共擊落了1,200多架敵機。然而，它在戰時相對較快地被淘汰，並轉而用於支援地面攻擊。總體而言，競爭對手尖兵實驗5a型SE5a雙翼戰鬥機被證明是更歷久不衰的革命性設計。

也許本書錯過最好的二戰飛機是蘇聯的佩特利亞科夫（Petlyakov）Pe-2轟炸機，該型轟炸機相當於英國蚊式轟炸機和德國容克斯Ju 88轟炸機。Pe-2雖然是盟軍在戰爭中最多產的雙引擎戰術飛機，但它缺乏像蚊式轟炸機的進階性能變化，也不具有像Ju 88的戰場改裝適應性。三引擎容克斯Ju 52／3m是德國空軍的二戰經典運輸機主力，但對比本書羅列的道格拉斯C-47運輸機在商業航空及戰後的影響力，Ju 52便相形失色了。

從冷戰時代開始，一些在東南亞服役的強勁但

一架美國空軍第81戰術戰鬥機中隊的F-4E幽靈II式戰鬥機正在靶場投放227公斤（500磅）Mk82炸彈。幽靈II式的九個外掛槽位可以攜帶包括空對空飛彈、空對地飛彈和炸彈等，總重超過8,400公斤（18,000磅）的武器。

1942年東線戰役（蘇德戰爭）期間，一支容克斯Ju 87D俯衝轟炸機飛行小隊，正飛往蘇聯列寧格勒戰線的目標。德國此款俯衝轟炸機是當時的一種革命性飛機設計，在二戰初期為德國陸軍提供戰術支援。

過時的密接支援（close-support）飛機，例如道格拉斯A-1天襲者式（Skyraider）攻擊機也曾納入本書。但它的長期服役事實與其說是立基於卓越的設計，倒不如說是因為新型態戰爭的出現，而使得更現代的設計被證明不適用於此類型戰爭。

費爾柴德共和A-10雷霆II式（Fairchild Republic A-10 Thunderbolt II）攻擊機很可能是最值得在名單中占有一席之地的現代機型，尤其是美國空軍一再試圖將其除役未果。然而，它僅在特定任務——在低空進行的定翼機密接空中支援——取得巨大成就，而同時代的許多軍機則都是真正的多用途任務大師。

雖然本書的50架飛機絕大多數都在大規模衝突中得到驗證，但也有少數例外——在沒有重大戰鬥榮譽的情況下被證明是真正成功的飛機。其中最主要的是寶璣XIX雙翼戰鬥機，這是兩次世界大戰之間的傑出設計，儘管在1922年首次飛行，但它仍然足以在二次世界大戰的反游擊隊作戰中表現活躍。蘇愷蘇-27家族在小規模衝突中有所表現，但其卓越之處在於它一直是銷售方面最成功的現代戰鬥機之一，並為眾多後繼機型發展奠定了基礎。

最重要的是，我希望這份排名清單能激起本書讀者間的討論和辯論。

道格拉斯 SBD-3 無畏式俯衝轟炸機

道格拉斯無畏式（Douglas Dauntless）偵察轟炸機（Scout Bomber）SBD 是二戰爆發時美國海軍的制式攻擊機種，雖然機型過時，但在戰時服役表現良好，立下了不少重大戰功。

在面對投送無導引炸彈的精確度問題時，俯衝轟炸機是一種低技術解決方案。尤其是在攻擊海面上快速移動的船艦時，俯衝轟炸機陡直地向目標投彈，會比傳統水平飛行轟炸更能減少誤差率。

為美國海軍發展的無畏式SDB-1型機用於海軍作戰時被驗證航程太短，因而重新設計成SBD-2型機，美國海軍接收了這兩型機，其中SDB-1型機移交給美國海軍陸戰隊使用。不過，缺少防彈裝甲使得前兩型無畏式極易受戰損，所以當法國戰敗淪陷，原欲交貨給法國的改良型SBD-3便轉由美國海軍接收並再增購。SBD-3被設計成可承受戰損，但並未使用艦載機常見的可折主翼設計，機上裝設有

SBD-3無畏式

1942年11月北非火炬行動（Operation Torch）登陸作戰期間配置於美國海軍遊騎兵號（Ranger）航艦的無畏式偵察轟炸機，除了攻擊內陸目標外，也提供保護艦隊的空中武力。

國徽標誌

最初美軍飛機在白色五芒星中央塗繪有紅色圓球（暱稱「肉球」），但這會引發與日軍飛機旭日國徽的識別混淆問題。

SBD-3規格

乘員：2

機身長：10.09公尺

翼展：12.66公尺

滿載重量：4717公斤

發動機：萊特（Wright）R1820-52引擎

最高速度：402公里/小時

武裝：2挺12.7公厘固定前射機槍、2挺架設在後防衛槍座的7.62公厘機槍、1枚掛載在中線掛架的453公斤（1000磅）或227公斤（500磅）炸彈、各掛載於兩翼的1枚45公斤（100磅）炸彈

二戰爆發前夕的無畏式SBD「緩慢但致命」（slow but deadly縮寫謔稱）機隊，塗裝著當時美國海軍典型機身迷彩。

防彈裝甲及兩挺12.7公厘前射機槍，再加上一挺架設在後座可動槍座的7.62公厘後射機槍，該後射武裝之後又升級為雙管火砲。SBD-3可在機腹中線掛載一枚453公斤（1000磅）炸彈，以及兩翼下各掛載一枚輕型炸彈或其它彈藥。在中途島海戰及瓜達康納爾島戰役，SDB-3都是服役機型。

後期機型

雖然基本設計過時，無畏式仍持續生產了SBD-4、SBD-5及SBD-6機型。SBD-4裝備機載雷達及與其匹配之升級電力系統。SBD-5是生產數量最多的機型，裝置了更強力的引擎，卻也因為機體重量增加，整體性能僅與前期機型相仿且航程變短，為補償縮短之航程，遂犧牲翼下可攜掛軍械量，以外掛副油箱代之，另外還設置改良式瞄準具以增加轟炸精確度。1944年生產的最終機型SBD-6並未投入前線作戰單位服役，而是用於訓練及巡邏任務。也曾為美國陸軍航空隊生產過不同版本的A-24班西式（Banshee）機型，但由於表現不佳，很快就除役了。

戰鬥勤務

無畏式俯衝轟炸機的戰鬥歷程始於日軍1941年12月7日偷襲珍珠港，數架陸戰隊無畏式機於地面遭到摧毀的不幸慘景。此後數月，無畏式俯衝轟炸

機成為美軍艦載機的打擊主力,參與了對日軍占領島嶼的空襲。在1942年5月的珊瑚海海戰中,無畏式俯衝轟炸機擊沉日軍翔鳳艦,並擊傷翔鶴艦;在同年6月的中途島海戰中,無畏式機群在稍早執行低空魚雷攻擊的TBD毀滅者式(Devastator)魚雷轟炸機機群掩護犧牲代價下,擊沉了日軍三艘航艦(赤城、加賀、蒼龍),並重創一艘航艦(飛龍,導致解體報廢)。

長期服役

中途島海戰獲致豐碩戰果前,無畏式俯衝轟炸機便因其後繼機型——寇蒂斯地獄俯衝者式(Curtiss Helldiver)——研製不順利而持續服役,接著參與1942年的北非盟軍登陸作戰以及1942～43年的瓜達康納爾島戰役,並成為太平洋戰

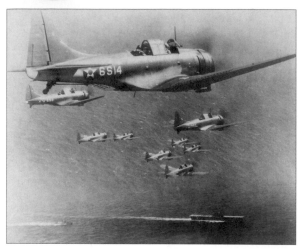

作業於美國海軍勇往號(Enterprise)航艦(CV-6)上的中隊番號依其執行任務及所駐航艦而定,其中第6轟炸中隊及第6偵察中隊皆使用無畏式機,照片中是第6偵察中隊的無畏式機。

俯衝轟炸機

駕駛艙下方機腹中線位置的炸彈以擺臂裝置固定,以甩離機身的方式釋放投彈,如此可避免大角度俯衝時投放炸彈卻撞擊到飛機螺旋槳葉。

SBD-5無畏式

1944年在直布羅陀服役於美國海軍陸戰隊偵察中隊的SBD-5，飾有典型的1944年大西洋戰區迷彩塗裝。

後期國徽標誌

1943年中期，美軍戰機開始在機身國徽加上紅色邊框以增加遠距辨識度，但這種做法並未全面施行。

區擊沉最多敵軍艦艇的機種。無畏式機還在1943年諾曼第登陸期間執行地面目標攻擊任務，並在大戰後期退出執行打擊任務後，作為反潛機使用。

二戰結束後，無畏式俯衝轟炸機退出作戰行動，但法國仍使用該機服役至1949年，並用於訓練任務直到1950年代中期。

米格-15

米高揚-格列維奇（Mikoyan-Gurevich）米格-15（MiG-15）原本設計作為攔截機，但被證明為一種非常有效的纏鬥戰鬥機。此種機型被大量外銷，服役於中國人民解放軍空軍及華沙公約組織國家部隊。

二戰的經驗顯示，使用強力的機砲武裝才能擊落轟炸機，機槍則無法造成足以癱瘓一架大型飛機的損傷。此外，攔截機必須具備高速性能，以便在來襲轟炸機深入己方空域前達到迎擊高度。

嶄新設計

為了呼應對此種機型的官方要求，米格-15的飛機設計工作於1946年展開，採用的噴射引擎是仿製一具先前出售給俄國的勞斯萊斯（Rolls-Royce）引擎，設計的其他方面借鑒了二戰結束時從德國獲得的專業知識，其成果為蘇聯第一架擁有加壓駕駛艙附帶彈射座椅的飛機，米格-15於1947年12月首飛。

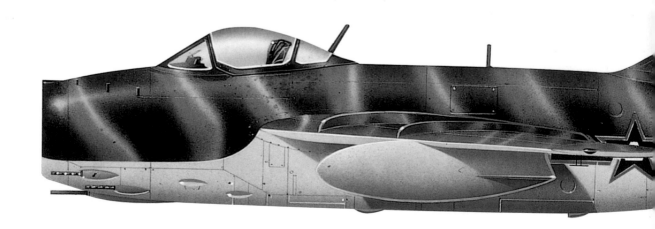

米格-15bis

匈牙利空軍塗裝的米格-15bis。擁有大型
進氣口的粗短米格-15在1960年代已然過
時，但仍然是有效的空對空戰機。

米格-15bis規格
乘員：1
機身長：10.86公尺
翼展：10.8公尺
滿載重量：6045公斤
發動機：克里莫夫（Klimov）VK-1渦輪噴射引擎
最高速度：1075公里/小時
武裝：1門37公厘機砲、2門23公厘機砲

韓戰登場

　　在韓戰期間米格-15受到西方列強矚目，
當時六架米格-15與配置活塞引擎的P-51野馬式
（Mustang）戰鬥機機群發生遭遇戰。雖然米格-15
表現良好，改良型的米格-15bis仍很快地開始服
役，此型米格-15配置了更強力的引擎，機體重量
減輕，性能及航程都因而提升。

　　自中國基地起飛的米格機群，一跨越鴨綠江便
進入韓國境內接戰敵軍，它們的現身改變了韓戰空
中戰爭的本質，於此之前聯軍掌握著空中優勢，並
且可自由地攻擊地面目標。之後B-29轟炸機的損失
與日俱增，被迫改為執行成效不彰的夜間任務，空
戰對聯軍飛行員也更為致命。

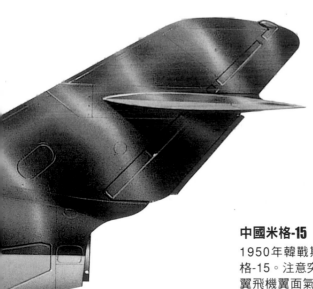

中國米格-15

1950年韓戰期間人民解放軍空軍使用的米
格-15。注意突出的機翼擋板，它減少了後掠
翼飛機翼面氣流朝翼梢流動（而不是前後）
所引起的失速傾向。

49

1950年11月8日發生第一次噴射機對噴射機的空戰,當時一架美軍流星式(Shooting Star)F-80戰鬥機擊落了一架米格-15,雖然F-80性能劣於米格-15,但擁有豐富作戰經驗的美軍飛行員多少彌補了性能方面的差距。F-86軍刀式(Sabre)噴射戰鬥機取代了F-80的戰鬥機任務,但其六挺機槍武裝仍不敵米格-15的機砲火力。雙方似乎都誇大了空戰擊墜戰果,但整體來說更具經驗的美軍飛行員在空戰過程中名列前茅。

米格-15UTI「侏儒」

「侏儒」(Midget)是米格-15UTI雙座教練機的北約代號,本機在1991年間服役於伊拉克空軍。

引擎

米格-15bis使用的引擎是以勞斯萊斯尼恩(Nene)渦輪噴射引擎為樣本開發而成,尼恩引擎亦為當時其他數種戰鬥機所採用。

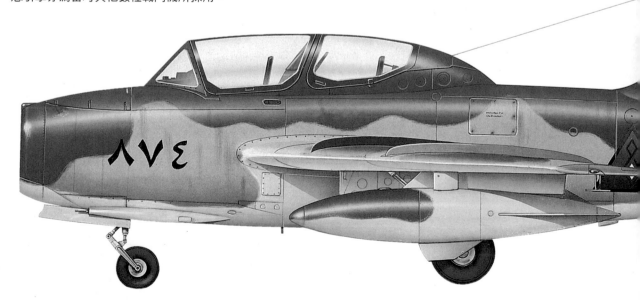

一架在航空展飛行表演的雙座米格-15私人收藏機，有些國家空軍甚至保留他們的米格-15到1990年代末期。

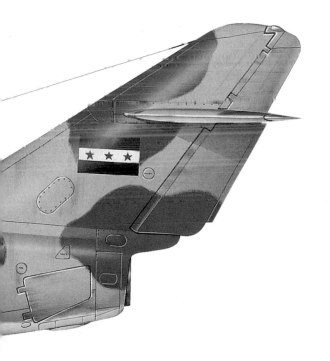

全球成功

　　米格-15主要在蘇聯製造，但也在捷克和波蘭製造，直到1960年代後期服役於各華沙公約集團國家空軍，其後有些仍作為教練機使用。除了中國人民解放軍空軍，埃及空軍也採用了米格-15，並在蘇伊士運河危機中參與戰鬥，擊落了一架以色列的英國格羅斯特彗星式（Gloster Meteor）噴射戰鬥機，再次展示了速度更快的後掠翼噴射戰鬥機在性能方面優於第一代直翼噴射戰鬥機。

　　1958年時，有一架米格-15成為響尾蛇（Sidewinder）空對空導彈的第一個疑似犧牲者，但總體而言，該型機設計被證明效能極佳。米格-15之後還發展出了米格-17，並在越戰中對抗美軍戰鬥機。米格-15的衍生機型包括雙座攔截機、攻擊機、偵察機及教練機。中國製版本殲-2（J2）進一步出口，俄羅斯和中國製造的米格-15各機型在其他國家退役很長時間後，仍有某些小國空軍在使用。

戈塔轟炸機

戈塔（Gotha）轟炸機對倫敦和其他英國目標所進行的空襲，造就出「轟炸機銳不可擋」的信念，這塑造了兩次世界大戰之間的空中作戰準則和更先進轟炸機的發展。

1915年6月德軍開始使用齊柏林（Zeppelin）飛船對英國的目標進行空襲，最初證明這種攻擊非常難以反擊。但這些昂貴、緩慢的飛船所攜帶的炸彈量很小，空襲雖然非常可怕，但幾乎沒有造成實質損失。事實上，據估計齊柏林飛船對英國戰役的成本遠高於造成的損失。然而，戰略上的價值不僅僅是摧毀目標的財物。飛船空襲打擊了英國本土的

士氣，迫使一些戰鬥機中隊從西線戰鬥中撤出回防，削弱了英國在西線的戰力。

齊柏林飛船空襲在整個一戰中持續進行，但從1916年底開始，戈塔雙引擎轟炸機的出現成為了一種可行的替代方案。戈塔轟炸機的飛行和著陸都具有挑戰性，如果硬著陸時燃料濺到高溫引擎上，往往會著火，但它能長程投送相當酬載量的炸彈。到

戈塔G.V型
這架戈塔G.V型機身塗飾1918年西線戰區迷彩。戈塔轟炸機除了執行戰區空襲，同時也進行對英國的長程攻擊。

去除機翼後緣的一部分，為推進式引擎配置提供了螺旋槳葉空間。一些軍械在機翼下攜帶，但大部分都置於機艙內。

武器

戈塔式機的防禦機槍可用火力範圍明顯受限，設置穿過機身後部的發射通道，不失為一種創新的解決方案。

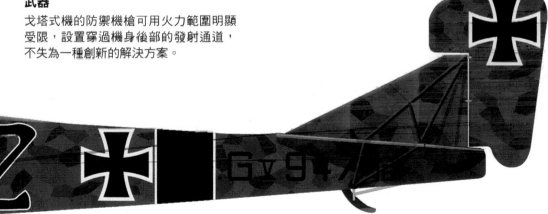

機身

戈塔式機的機身由膠合板和織物製成，框架由木頭和鋼製成。雖然它是一個大目標，但許多命中火力會直接穿過機身而不致損壞重要部件。

戈塔G.IV型

1917年在法蘭德斯服役的戈塔G.IV型。由於該飛機外型設計會產生非常大的阻力，導致其飛行速度低落且機動性差。

1916年底，只有不到20架戈塔轟炸機服役，但仍給遭受攻擊的一方留下深刻的印象。1917年5月對英國進行了第一次重大空襲，當時有21架戈塔轟炸機參與。戈塔轟炸機在無法有效反擊的高空持續進行空襲，然而到了1918年，英軍戰鬥機的反擊更為有效，造成戈塔轟炸機的損失大增。

改良的重型轟炸機

最初的戈塔G.I型發展成戈塔G.II型，並在東線服役。戈塔G.III型解決了引擎故障問題，1917年戈塔G.IV型又緊接著完成，此型機的開發可能得益於擄獲一架墜落的英軍亨德利佩吉（Handley Page）O／400型轟炸機。

戈塔G.V型於1917年8月推出，主要採用流線型引擎外罩改進空氣動力性能，G.Va型改裝上雙尾翼，最終的G.Vb型配備了前輪以提高著陸安全性。戈塔G.VII型則是偵察機型，具有重新設計的機身，並且改採推進式引擎配置。

戈塔G.IV型

第3轟炸機部隊（Kaghol）的戈塔G.IV型轟炸機，它於1917年6月對倫敦進行了第一次日間空襲。

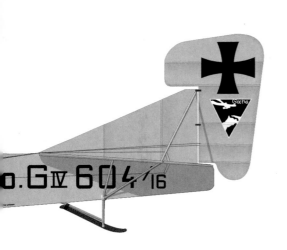

戈塔G.IV型規格		
乘員：3		
機身長：12.2公尺		
翼展：23.7公尺		
滿載重量：3648公斤		
發動機：2具梅賽德斯（Mercedes）D.IVa引擎，每具260馬力		
最高速度：135公里/小時		
武裝：2或3挺7.92公厘帕拉貝倫（Parabellum）LMG14機槍；最高500公斤（1100磅）炸彈		

實戰中的戈塔轟炸機

儘管它是一個緩慢、不靈活的大型目標，但戈塔轟炸機可以使用兩挺機槍自衛，一挺裝在機首，一挺裝在乘員艙後部。戰鬥機飛行員很快就了解到，最佳攻擊方法是從轟炸機沒有防禦武器的後方和下方進擊。一些戈塔轟炸機為了反擊設有新奇的「射擊通道」（firing tunnel），使後機槍射手得以向下目視射擊。

戈塔轟炸機還藉由緊密編隊飛來保護彼此，同時用數挺機槍接戰單一來襲的戰鬥機。這是二戰期間盟軍轟炸機使用「戰鬥箱」（combat box）編隊防衛戰術的先驅，並證明了對當時的戰鬥機很有效。雖然以二戰的標準來看，戈塔轟炸機空襲造成的破壞很小，但對原本被認為不會受到攻擊的城市造成的破壞，引發了軍事思想的改變。就合理的推論而言，轟炸機總能穿透敵境並將任何敵對城市夷為平地，因此擁有一支強大轟炸機機隊是任何強權武力的基本需求。這種想法幾乎一直持續到第二次世界大戰開始，導致過分強調轟炸機而忽視了防禦性戰鬥機。

英國電氣 坎培拉式轟炸機

坎培拉式（Canberra）轟炸機的開發是為了飛得更高更快，藉此擊敗前來攔截的戰鬥機。在作為打擊載具的長期服役生涯之後，坎培拉式機作為偵察機繼續飛行。

到了二戰中期，所謂「轟炸機銳不可擋」的時諺受到挑戰，防空砲火和戰鬥機攔截造成轟炸機嚴重損失，使得長程戰略空戰的前景堪憂。即使是以相互支援火力的箱型編隊飛行，全副武裝轟炸機仍會被戰鬥機成功攔截，因而需要不同的解決方案。

英國電氣公司（English Electric）製造的坎培拉式機是英國第一架噴射轟炸機。外觀上與格羅斯特彗星式戰鬥機相似，它沒有攜帶任何防禦武器。反之，坎培拉式轟炸機被設計能在戰鬥機和高射砲無法到達的高度執行任務。當時導彈還處於起步階段，即使戰鬥機可以達到足夠的高度進行攔截，也必須在有限的時間內進行。導彈稍微擴大了可攻擊範圍，但坎培拉式轟炸機仍有很好的機會執行任務後全身而退。

坎培拉式轟炸機服役

第一架坎培拉式轟炸機於1951年進入英國皇家空軍服役，1954年提出改良型。初次執行作戰任務

坎培拉PR.Mk 9偵察機
PR.9型照相偵察機直到2006年都還在英國皇家空軍服役，在20世紀下半葉的全球眾多區域衝突中表現活躍。

坎培拉B.6規格

乘員：3

機身長：19.96公尺

翼展：19.51公尺

滿載重量：20,865公斤

發動機：2具勞斯萊斯亞文（Avon）109渦輪噴射
引擎

最高速度：973公里/小時

武裝：內部載彈量2724公斤（6000磅）；機翼上
的槍砲莢艙或附加彈藥

*事實證明，坎培拉式機易於操控，並且幾乎沒有什麼
缺點，從其他飛機轉換所需的訓練時間也很少。*

是在馬來亞緊急狀態和蘇伊士運河危機期間，而坎培拉式轟炸機的表現令人印象深刻，以致於美國空軍也引進使用。

「V型轟炸機」首先問世的勇者式（Valiant）轟炸機，能夠長程投送更大載彈量，使得坎培拉式轟炸機從擔負高空轟炸任務轉變為低空打擊作戰，其中也包括從低空投送核武器的戰術打擊任務。坎

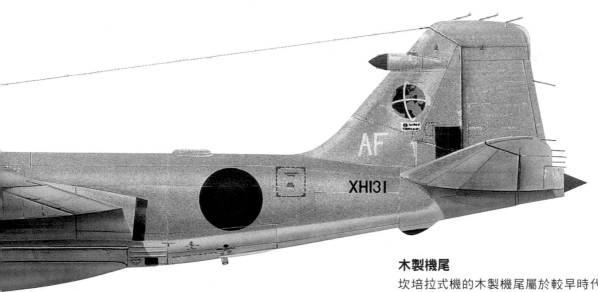

木製機尾

坎培拉式機的木製機尾屬於較早時代的設計，但直到2003年的伊拉克自由行動（伊拉克戰爭）它仍在執行飛行任務。

培拉式轟炸機的高速性能使其得以逃脫投放核武所引發的爆炸衝擊波。最終，儘管坎培拉式轟炸機在1960年代中期逐步退出傳統轟炸任務，但一些中隊仍保留以便執行核打擊任務。

其他使用者發現坎培拉式轟炸機非常有效。澳洲的坎培拉式轟炸機在1950年代後期參加了在馬來亞的打擊任務，後來又參加越戰，共飛行了近12,000任務架次，僅損失兩架飛機。美國也將坎培拉式轟炸機投入在越南的戰鬥。

大量外銷的坎培拉式轟炸機有時會被衝突中的雙方所使用，例如1971年的印巴戰爭。阿根廷的坎培拉式轟炸機在1982年福克蘭群島戰爭期間與英軍接戰，其中一架被空對空飛彈擊落，另一架則是被艦射防空飛彈擊落。

英國航太BAC坎培拉T.Mk 17

英國航太（British Aircraft Corporation, BAC）坎培拉T.Mk 17型機是一款特種電子戰訓練機，其電子戰套件位於重新設計的機鼻部分。

歷久彌堅的坎培拉式轟炸機

英國皇家空軍在1972年將坎培拉式轟炸機自轟炸作戰任務除役，但偵察機機型仍在之後服役多年。皇家空軍在2000年代初期再度部署坎培拉式機，對伊拉克和阿富汗執行偵察任務。早期的任務不僅僅是軍事任務，坎培拉式機也被廣泛用於地圖製作方面，特別是在非洲部分地區。

美國國家航空暨太空總署（NASA）繼續操作三架經過改造的坎培拉式機作為高空研究平臺。雖然其他飛機可以飛得更高，但坎培拉式機可以攜帶相當重的設備到高空，並提供一個穩定平臺來進行精細的科學工作。目前沒有計劃讓這些飛機退役，因為沒有更好的平臺可以執行它們所做的工作。

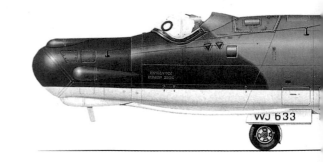

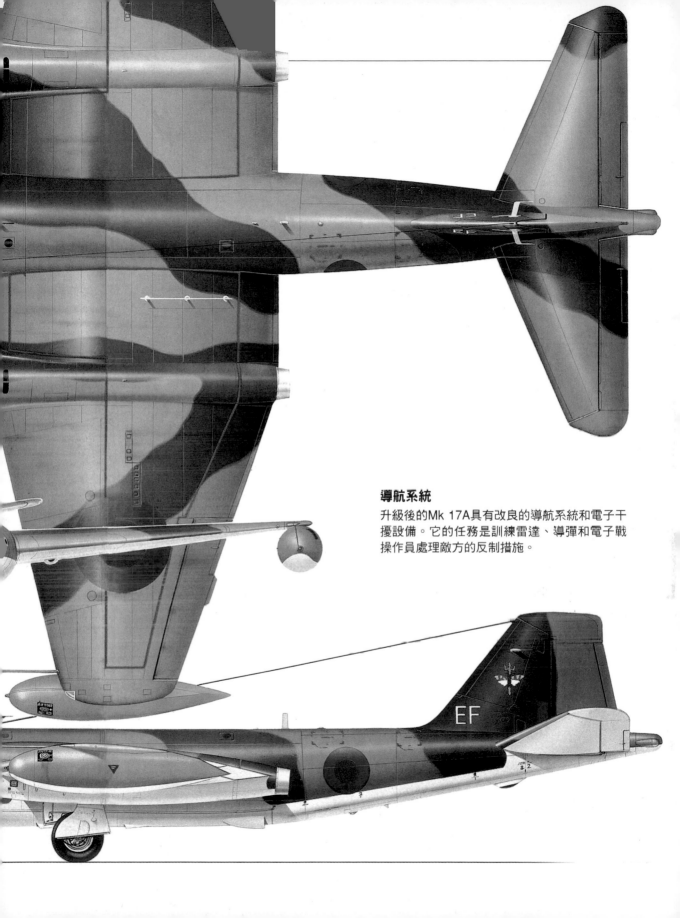

導航系統

升級後的Mk 17A具有改良的導航系統和電子干擾設備。它的任務是訓練雷達、導彈和電子戰操作員處理敵方的反制措施。

雅克-3戰鬥機

雅克-3（Yak-3）是一種高機動性戰鬥機，配備了相對強力的武裝，它的
爬升和轉彎特性使其優於可能面對的任何對手。

一開始服役被稱為雅克-1的雅克系列戰鬥機，在其研發期間還有其他名稱，但在1941年對抗德國入侵俄羅斯時是作為雅克-1服役。就像許多蘇聯軍機設計一樣，該型機旨在盡可能簡單以促進大規模生產。這導致一種體積小、重量輕的飛機誕生，其數量足以與德國空軍爭奪制空權。

雅克-1的性能不如德國巴伐利亞飛機製造廠（Bayerische Flugzeugwerke）的Bf-109戰鬥機，但差距也不是很大，在一名優秀飛行員手中它會是一個致命的對手，而1943年改良型雅克-3的出現打破了平衡。雅克-3由雅克-1衍生型雅克-1M發展而來，大部分機身使用膠合木板，主翼也是木製的。

與德國空軍的空戰

雅克-3於1943年首次飛行，但直到1944年7月才有足夠數量投入作戰行動，該機獵殺率很高，攻擊性強的雅克-3經常與數量占優勢的德國戰鬥機作戰並獲勝。事實上，這架飛機的效能好到讓德軍向其飛行員發出指令——可能的話，不要與它進行低空纏鬥。

雅克列夫（Yakovlev）雅克-1M

大約1943年，塗有白色冬季迷彩的雅克-1M旨在支援和保護對地攻擊機，最適合在低空作戰。

德國空軍藉由改變戰術進行反擊，試圖從上方俯衝來「彈躍式」（bounce）攻擊蘇聯戰鬥機，由俯衝獲得高速的德軍飛行員在第一回攻擊完成後，就會迅速遠離，這使得雅克戰鬥機無法將對手拉入小半徑轉彎戰鬥。

雅克-3成功的關鍵在於其機身重量輕，且大部分重量靠近中心線。20公厘機砲直接位於中心線上並通過螺旋槳轂發射，引擎整流罩上裝有兩挺12.7公厘機槍。許多其他當代戰鬥機的機翼裝有槍砲，這增加了飛機滾轉所需的工作量，從而降低了其迴轉能力。

雅克-3被證明有能力擊敗其他戰時大國的戰鬥機，而且在對抗性能提升後的Bf-109G時依然有效。然而，它並不完美，膠合板機身結構很脆弱，可能會被高重力操縱損壞，引擎和控制系統有不少

時值1944年7月，諾曼第-尼曼（Normandle-Niemen）航空團裝備的一排待命雅克-3戰鬥機剛配發至中隊。諾曼第-尼曼航空團由自由法國飛行員組成，他們作為紅軍的一部分在東線作戰。

雅克-3

雅克-3安裝了與梅塞施密特（Messerschmitt）
Bf-109戰鬥機非常相似的武器——靠近飛機中
線的一門機砲和兩挺重機槍。

氣動控制

雅克-3使用氣動系統來移動其控制
面，而不是像許多其他飛機一樣使
用液壓系統。

早期生產的雅克-3。德國空軍飛行員被警告盡可能避免與這型快速、輕量、高機動戰鬥機進行戰鬥。

雅克-3

自由波蘭塗裝的雅克-3。雅克-3被
交付給波蘭和南斯拉夫,並服役至
1950年代。

機械問題,作戰航程也很短。

衍生型

　　雅克-3生產了許多衍生機型,其中一些測試了
不同的製造材料和方法。一些雅克-3配備了升級引
擎,進而產生非常高的極速和爬升率,其他改裝實
驗則不太成功。戰車剋星版本的生產數量很少,事
實證明,輕型的雅克-3不適合作為搭載反戰車45公
厘機砲的平臺。

　　雅克-3最終被同一系列的其他戰鬥機所取代。
雅克-7最初準備用作教練機,後來作為單座戰鬥機
投入生產並證明非常有效。雅克-9性能優於當時所
有德軍活塞引擎戰鬥機,並在戰爭結束後生產了一
段時間。雅克-9P機型更在韓戰爆發時裝備了朝鮮
空軍。

雅克-3規格
乘員:1
機身長:8.5公尺
翼展:9.2公尺
滿載重量:2692公斤
發動機:克里莫夫VK-105PF-2 V-12活塞引擎
最高速度:646公里/小時
武裝:1門位於螺旋槳轂中線的Sh-VAK 20公 　　　厘機砲、2挺位於引擎整流罩上的貝雷辛 　　　(Beresin)12.7公厘機槍

寶璣 XIX

廣泛出口的寶璣（Breguet）XIX（Br.19）於1930年9月創下了首次從巴黎直飛紐約的紀錄；作為戰機，它在法國、西班牙、希臘、南斯拉夫和波蘭享有長期而成功的服役生涯。

寶璣XIX是從第一次世界大戰的輕型轟炸機寶璣XIV發展而來的。寶璣XIX是一種金屬框架雙翼飛機，機身表面前部採用金屬蒙皮，後部採用織物，機翼也被織物覆蓋。該設計於1924年投入生產，大約2000架是在法國製造，另外700架左右則是在西班牙製造的。

除了這些主要用戶之外，寶璣XIX還出口到南斯拉夫、羅馬尼亞和波蘭，且在這些地方成為1920年代當地空軍的骨幹力量，並出口到中國。它被用於執行輕型攻擊和偵察任務，這需要良好的作戰半徑航程。在承平時期也很有用，曾被全球各用戶創下了多項長途飛行紀錄。

眾多衍生型

最常見的寶璣XIX軍用衍生型是A2（偵察機）和B2（轟炸機）型，CN2型的夜間戰鬥機配備了額

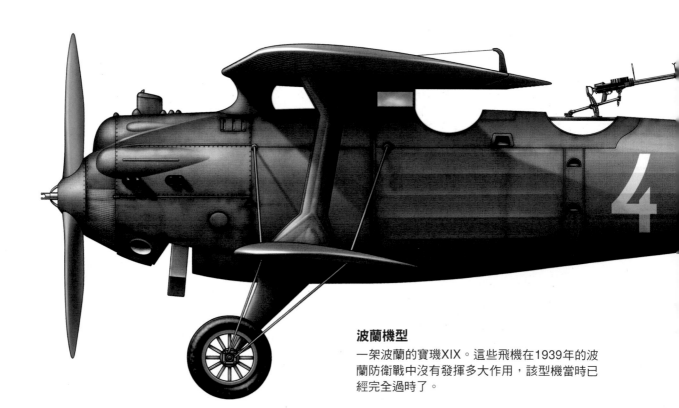

波蘭機型
一架波蘭的寶璣XIX。這些飛機在1939年的波蘭防衛戰中沒有發揮多大作用，該型機當時已經完全過時了。

1930年，莫里斯·貝隆特（Maurice Bellonte，1896～1984）和迪厄多內·科斯特（Dieudonné Costes，1892～1973）駕駛寶璣XIX，首次從巴黎向西穿越北大西洋到達紐約。

外的前射武器。其他較少量的衍生型是為出口客戶生產，通常使用不同的引擎。

寶璣XIX的轟炸機型能夠在內部機艙攜帶小型炸彈或外掛更大型的炸彈，而偵察型則攜帶照相機。兩個主要衍生型都配備了供飛行員使用的固定機槍和供觀察員使用的雙機槍，另安裝了額外的向下武器用於地面攻擊。

許多寶璣XIX的特殊機型都是為了創紀錄而製造的，並取得了眾多非凡成就。在1920年代，跨大陸飛行是一項非常艱鉅的任務，但寶璣XIX是可以實現從日本飛往巴黎、倫敦以及從布魯塞爾飛往利奧波德維爾（金夏沙）的飛機之一。其中最著名的創紀錄飛機名為問號（Point d'Interrogation），它於1930年9月進行了首次從巴黎直飛紐約的跨大西洋飛行。

武裝
雙聯裝路易士（twin-Lewis）自衛機槍座在許多一戰與二戰之間的早期設計中很常見，但對快速且具備防彈裝甲的二戰戰鬥機無效。

破紀錄者

寶璣XIX在推出時，就比許多戰鬥機都快，並且擁有更大的作戰半徑，這使創紀錄的先驅者深受其吸引。對機組人員來說，首次耗時超過37個小時從法國直飛美國是一項非凡的耐力壯舉。

寶璣Bre.19 A.2

破紀錄的問號（Point d'Interrogation）是一架獨特的飛機，帶有封閉式駕駛艙，基礎是寶璣XIX GR民用運動型。

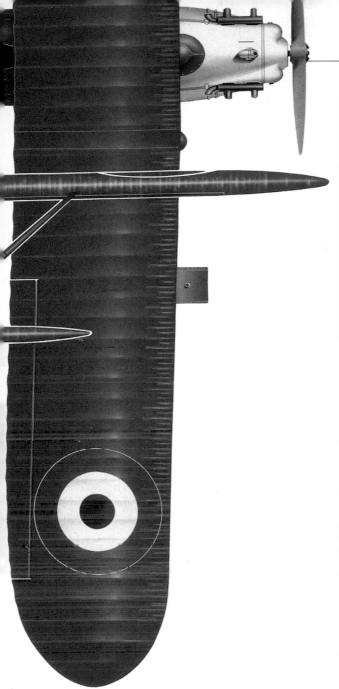

寶璣XIX A.2規格	
乘員：2	
機身長：9.5公尺	
翼展：14.8公尺	
滿載重量：2347公斤	
發動機：雷諾（Renault）12KD V12引擎	
最高速度：234公里/小時	
武裝：1挺固定前射維克斯（Vickers）7.7公厘機槍、觀測員座2挺雙聯裝路易士7.7公厘機槍、腹側支架1挺路易士7.7公厘機槍	

寶璣XIX服役

　　雖然基本上是第一次世界大戰時期的先進設計，但寶璣XIX在二戰爆發時已過時。話雖如此，1920年代和1930年代期間，寶璣XIX對應各種殖民事件、叛亂和「低強度戰爭」（brushfirewars），仍有良好的服役紀錄。攻擊機任務可用於「殖民地警務」（colonial policing），有時還用於對長程目標進行懲罰性襲擊。以往，這樣的突襲需要一支由快速移動的地面部隊組成「快速突擊部隊」（flying column）來執行有風險的作戰，但仍然無法保證在叛軍或叛亂分子繼續前進之前到達目標。不過飛機卻能提供快速反應的能力，而大多數殖民地反抗勢力對此沒有任何還擊能力。

　　寶璣XIX曾在西班牙內戰中服役，是一種有效的攻擊機，但在面對更現代的戰鬥機時遭受重創。1941年德國入侵期間，南斯拉夫的寶璣XIX型機也遭遇了同樣的命運，它的時速僅234公里/小時，已經是早期的老式飛機，根本無法在劇烈變化的空戰環境中生存。在1940年軸心國入侵期間，希臘的寶璣XIX確實進行了一些有用的偵察任務，但同樣由於太慢和笨重，無法在敵對戰鬥機的活動範圍內自由行動。

機翼配置

寶璣XIX是一種雙翼飛機設計，也就是說，它有一個大的上機翼和一個較小的下機翼。先不論其他優點，這提供了比上下機翼相同大小配置還要好的向下能見度。

蘇-27 家族

蘇愷（Sukhoi）蘇-27（Su-27）是一款大型戰鬥機，北約代號暱稱為「側衛」（Flanker）。自1982年推出以來，已經出現了許多衍生型和後繼機型。

　　蘇-27被開發為高端空優戰鬥機，可與美國F-15鷹式（Eagle）戰鬥機相媲美（並打算與之抗衡）。它在視覺上與米格-29「支點」（Fulcrum）非常相似，但其體積更大、能力更強，可配置武力更強、射程更遠的導彈。兩者的夥伴關係類似於美國的F-15和F-16，即一架昂貴的空中優勢戰鬥機輔以一架較便宜的短程戰鬥機，可以藉此用相同成本部署更多數量的戰鬥機。

　　儘管機身尺寸很大，蘇-27的引擎推力重量比還是大於1，亦即它可以在垂直爬升中持續加速，

這讓飛行員能夠施展一系列壯觀的巧妙操控動作，包括將飛機幾乎停下來後再猛烈加速。雖然主要用於在航展上展示飛機操控性能，但這些飛行動作確實轉化成了令人印象深刻的空對空纏鬥能力。

衍生型

　　蘇-27S和P型通常簡稱為蘇-27。S型具有空對地能力，而P型是純空對空機。側衛式的主要任務是掌握空中優勢，以護送攻擊機深入敵方領土。蘇-27配備一門30公厘機砲和10個外部彈藥

蘇-27UB「側衛-C」
蘇-27UB雙座教練機。這些飛機攜帶的系統與單座飛機完全相同，必要時可以切換到戰鬥任務。

「俄羅斯武士」
冷戰結束後，俄羅斯武士
（Russian Knights）特
技表演隊的蘇-27成為航
展上的熱門看點。

蘇-29P規格
乘員：1
機身長：21.94公尺
翼展：14.7公尺
滿載重量：33,000公斤
發動機：2具土星／留里卡（Saturn／Lyulka）AL-31F渦輪扇引擎
最高速度：2500公里/小時
武裝：1門30公厘機砲、10個武器外掛點

掛載點，通常在空優作戰任務攜帶中短程導彈。
蘇-27SK是為外銷市場生產的，具有更高的有效負
載，隨後是現代化的蘇-27MSK。蘇-27SM是在俄羅
斯服役的制式戰機現代化機型。蘇-27家族的後期
成員通常被稱為蘇-30，包括為不同任務或目標客
戶生產的幾種次型。

艦載型蘇愷-27的型號為蘇-27K，也被稱為蘇-33，具有折疊機翼和機身前翼，以及用於艦載操作的著艦鉤和其他設備。這型飛機的許多衍生型也已被開發出來或正在規劃當中，包括電子戰平臺、偵察機和多用途型。

蘇-27M系列是另一種建立在裝有前翼的機身版本上的多用途作戰平臺，而蘇-27IB系列則是雙座攻擊機型，其機身經過相當大的改造。該系列持續發展出基於同一機身的蘇-35系列以及更先進的蘇-37。

引擎
蘇-27的雙引擎產生12,500公斤的推力，使飛機能夠在陡直的爬升中加速。

蘇-27K「側衛-D」
這架飛機服役於俄羅斯海軍航空隊北莫爾斯克團（Severomorsk Regiment）第1中隊。蘇-27K「側衛-D」（也稱為蘇-33）專為航艦作戰而設計，具有可折疊機翼和攔截索捕捉鉤。

可控小翼和強大推力的結合，使得蘇-27家族後期機型可進行極高的攻角機動操縱。

蘇-27服役

　　蘇-27擁有多國使用者，其中一些是外銷出口的國家，另一些是蘇聯解體後的各國，因此可以預見雙方在一些地區性衝突中都使用了側衛式戰機。而在1998～2000年間的衣索比亞厄利垂亞戰爭中，側衛式戰鬥機被證明其表現優於米格-29支點式戰鬥機。

　　蘇-27家族也引起了俄羅斯與中國的摩擦。中國政府購買了一定數量的蘇-27並取得了建造更多國產殲-11的許可，但最終與俄羅斯在殲-11和艦載型殲-16的授權生產許可條款內容產生了爭議。

　　由於這種飛機有眾多型機在服役，而且大量蘇-27仍在飛行，側衛式戰鬥機似乎很可能會在未來幾年依舊擔負前線空中優勢平臺的角色。

紐波特 17

由於血統可以追溯到競速機設計，所以儘管其結構相當脆弱，紐波特（Nieuport）的「戰鬥偵察機」（fighting scouts）仍具有速度快、機動性強的優點，在恢復西線空中力量的平衡方面發揮了重要作用。

紐波特10型機是在戰爭爆發前作為競速機開發的，其後自然成為改裝成軍用飛機的候補選擇，在雙座（飛行員及觀測員）機型被證明動力不足後，原雙座設計被修改為僅搭載一名飛行員。

單座戰鬥機

從紐波特10發展而來的紐波特11，從一開始就是單座戰鬥機。它被證明優於當時的德國飛機，並被多個國家採用。事實上，比起前線作戰中隊所使

機槍
安裝在引擎整流罩上方，不僅使機槍瞄準更簡單，而且讓飛行員更容易清除卡彈。

17C型
服役帝俄的紐波特17。在俄國內戰（1917～1922年）期間，敵對雙方都使用紐波特機。

紐波特17規格

乘員：1

機身長：5.74公尺

翼展：8.22公尺

滿載重量：565公斤

發動機：羅訥（Le Rhone）9J九缸旋轉式引擎

最高速度：177公里/小時

武裝：1挺固定前射7.7公厘路易士或維克斯機槍

紐波特17狹窄的下翼有利於其敏捷性和爬升率，但是很脆弱。它被配置更大機翼的紐波特28所取代。

機翼表面

紐波特戰鬥偵察機的一項設計缺陷是上部機翼表面織物容易脫落，有時會帶來災難性後果。

用之更大、動力更強的紐波特12雙座機，它的服役時間更長。隨後是紐波特12之後一系列的衍生型，其中紐波特16是基於紐波特11改良而成的動力加強機型。繼紐波特16之後進一步改良的紐波特17，則成為了戰爭中最重要的飛機之一。

與紐波特11相比，紐波特17擁有更大的機翼和更堅固的結構，以及更強大的引擎。最重要的是，後期的紐波特17s（編號為紐波特17bis）使用武器同步系統，將置於主翼上方的機槍下移，以通過螺旋槳進行射擊，改進飛行員的瞄準精確度。進一步開發的機型緊隨其後，但紐波特17仍是紐波特戰鬥機的代表機型。

戰鬥偵察

首架紐波特出現時，戰鬥機的概念還未盛行，單座型機被認為主要用於偵察任務。偵察機開始互相戰鬥以殲滅敵方空中偵察力量沒有多久，在短短的時間內，戰鬥就成為單座飛機的主要作用了。

早期的紐波特戰鬥偵察機在對抗1915年眾所周知且由德國飛機主宰的「福克天災」方面，發揮了重要作用。敏捷的紐波特機比其他早期設計機型更有效，並且因其速度和爬升率而廣受歡迎。新飛機

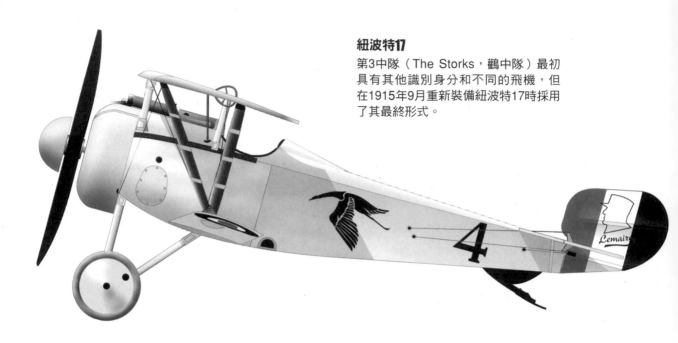

紐波特17

第3中隊（The Storks，鸛中隊）最初
具有其他識別身分和不同的飛機，但
在1915年9月重新裝備紐波特17時採用
了其最終形式。

紐波特23

這款比利時紐波特23與紐波特17僅略有
不同，特別是在上翼設計和維克斯機槍
配置方式。

站在紐波特17旁邊的著名拉法葉中隊（Lafayette Escadrille）飛行員。這個一戰法國中隊主要由美國志願飛行員組成，他們在美國參戰之前就報名入隊了。

以令人難以置信的速度出現，任何技術優勢很可能因為敵人快速提高的能力而有所抵消，因此在紐波特11開始服役的幾乎同一時間，就需要更大型、動力更強的紐波特機投入戰場。

紐波特17是一個有價值的繼任者，在1916年的凡爾登和索姆河空戰中尤為重要。它一度非常有效，但最終仍無可避免地被更先進的飛機取代。然而，與此同時，許多著名的戰鬥機王牌也曾駕駛紐波特17立下戰功，包括阿爾伯特‧鮑爾（Albert Ball，1896～1917）、威廉‧畢曉普（William Bishop，1894～1956）及喬治‧蓋尼默（Georges Guynemer，1894～1917）。

紐波特服役

除了法國軍隊外，紐波特機還供應給英國皇家海軍航空隊，後來又供應給英國皇家飛行隊（英國皇家空軍前身）使用，主要是由於補充其他機型的短缺。西班牙、俄羅斯和荷蘭生產了授權製造的紐波特機，而其他幾個國家則購買了紐波特機來裝備自己的航空部隊。德國設計師也複製了紐波特機的設計，對尾部進行了修改。

幾乎每個法國戰鬥機中隊都曾駕駛過紐波特17，一些在1917年抵達歐陸的美國部隊最初也配備了它們。直到1918年，雖然設計已經過時了，紐波特17仍然在英國中隊中飛行。許多紐波特17在戰後作為教練機倖存下來，並大量出口到世界各地。

E-3 哨兵式空中預警機

E-3哨兵式（Sentry）預警機本質上是一個巨大的飛行雷達，藉由偵測、追蹤目標以及引導飛行員就位，大大增強了空戰資訊的能力。

配屬日本嘉手納空軍基地第961預警機中隊的E-3哨兵式機，在泰國呵叻空軍基地第1聯隊舉行的天虎（Cope Tiger）2002演習中起飛。

E-3以波音（Boeing）707客機機體為基礎，改裝成在背部支柱攜帶大型天線罩。機身內裝有大量訊號處理及通信設備，能在分析處理機載感測器獲得原始資料後，將可用資訊傳給友軍飛行員。

為了執行這種空中預警管制系統（Airborne Warning And Control System, AWACS）及空中預警（Airborne Early Warning, AEW）的任務，除了四名駕駛艙飛行組員外，還需要多達19名系統操作機組人員。E-3的雷達可涵蓋至平流層及375公里的範圍。在高空飛行時，雷達受地球表面曲率的限制較少，飛機能夠「向下看」以識別可能會在地表雜波中遺漏的空中和海上目標。

E-3A 哨兵式空中預警機

哨兵式空中預警機於1977年引入美國空軍服役，此機被選定配屬駐德國的北約多國部隊。

E-3A哨兵式機

E-3A可追溯到1980年代初期。大多數E-3A後來轉換為E-3B標準，並將空中預警管制機的機組人員從13人增加到17～19人。

機組空間

空中預警管制機有四名飛行組員：飛行員、副駕駛、領航員和飛行工程師。使用民用機身消除了開發專用平臺所需的成本，並為機組人員和電子系統提供了充足的空間。

電子裝備

電子裝備布置在機身內的隔艙中，分區設置用於通信、訊號暨數據處理、指揮、管制及導航。

加油探管

加油探管位於機首飛行座艙上方。

雷達天線

E-3最明顯的特徵是它的大天線罩。天線在使用時每分鐘旋轉六次，不使用時每四分鐘旋轉一次。

LX-N
90444

一架E-3A哨兵式空中預警機正降落在土耳其因吉爾利克空軍基地。飛機和機組人員隸屬第970遠征航太空中管制中隊，以支援聯合特遣部隊的北方守望行動（ONW）。從1997年到2003年，北方守望行動在伊拉克北部實施了禁飛區。

所攜燃料可提供E-3持續飛行11小時執行任務，還能進行空中加油來延長滯空時間。機艙內為機組人員提供了一個休息區，以便在需要時可以長時間執行任務。

E-3服役期間進行了多次性能提升，增強並確保了情報的有效、即時傳遞。在所有形式的戰鬥中，情境覺察的能力一直很重要，並在現代作戰環境中變得絕對至關重要。藉由國徽或飛機外型識別敵人的日子已經一去不復返了，今日的軍事形勢要複雜得多。

飛機和艦艇可能在中立及民間航運繁雜的環境中作業，在攻擊發動之前通常沒有明顯的威脅。識別友軍和非敵對目標並加以追蹤的能力，與偵測、追蹤潛在敵對目標或從給定飛機行動中推斷敵對意圖一樣重要。

E-3服役

在美國空軍和英國皇家空軍服役的E-3，分別稱為空中預警管制機（AWACS）和空中預警機（AEW），其他使用者包括法國和沙烏地阿拉伯。E-3於冷戰期間的1977年投入服役，最初的預想是一旦發生重大衝突時，便可以提供預警和攔截空襲的功能。從那以後，它已經在幾次小型衝突中實際應用。

在2002年永續自由行動（反恐戰爭）期間，一架英國皇家空軍E-3C（空中預警管制機）在巴基斯坦上空由KC-135同溫層加油機（Stratotanker）加油後返回阿富汗。E-3C為聯軍飛機在阿富汗上空提供空中交通管制。

1990年代E-3在巴爾幹半島上空實施禁飛區期間非常有用，尤其是它可以一路追蹤從起飛到返回基地的飛機，相較於只能涵蓋附近區域的較短程地面雷達，位於空中的E-3能提供更多空中動態情報。1990～91年和2003年在伊拉克上空的作戰更接近E-3的預期功能，對作戰區域的友軍機組人員和指揮官提供了有關敵方動向的訊息。

E-3還曾用於救災行動，在具破壞性的颶風肆虐過後，充當軍事和民間機構人員的通信和指揮平臺。已計劃在2020年代進一步提升性能升級，以確保E-3在未來許多年內仍能繼續服役。

E-3C規格

乘員：	4名飛行組員＋17名空中預警管制機的機組人員
機身長：	46.62公尺
翼展：	44.43公尺
滿載重量：	147,418公斤
發動機：	4具普惠（Pratt & Whitney）TF-33渦輪扇引擎
最高速度：	855公里/小時
武裝：	無

福克 E 系列

福克E單翼戰鬥機（Fokker Eindecker）是第一架裝有同步射擊裝置的飛機，可以在螺旋槳後方向前射擊，而不會打到自己的螺旋槳葉。它很快就主宰了西線的領空。

福克單翼機是從一種名為福克M.5的無武裝偵察機發展而來的，在第一次世界大戰初期引進，當時大多數武裝飛機使用可移動支架上的槍支。這會使必須往不同方向飛行和射擊的飛行員難以掌控射擊準確度，即便是一名熟練的射擊手，要預測飛行員以及敵機的動向依然是個棘手的問題。遑論雙座偵察機又比單座偵察機更加笨重。

Fok. E II 69/15

福克 E 單翼戰鬥機規格

乘員：1

機身長：7.2公尺

翼展：9.5公尺

滿載重量：610公斤

發動機：奧伯烏瑟爾（Oberursel）九缸旋轉引擎

最高速度：140公里/小時

武裝：1挺穿過螺旋槳射擊的7.92公厘機槍

即使使用固定前射機槍，想擊中目標也是一件棘手的事情。盡可能接近開火是一種解決方案，但無論目標是否被擊中，都會導致近距離碰撞。

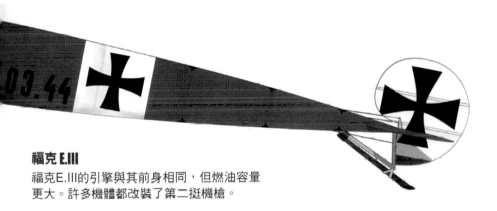

福克 E.III

福克E.III的引擎與其前身相同，但燃油容量更大。許多機體都改裝了第二挺機槍。

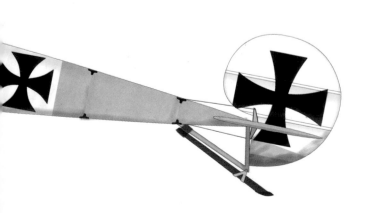

福克 E.II

福克E.II從一開始就被設計為戰鬥機，其中E.I是一種改裝的偵察機，備有改裝的機槍。

坐在福克E.III駕駛座的德國空戰王牌馬克斯·英麥曼。福克E系列主要是為了對抗盟軍偵察機,事實也證明,盟軍偵察機非常容易受到德國偵察機的前射武裝攻擊。

福克單翼機使用了同步射擊裝置,以防止前置固定機槍在同步射擊子彈時擊中螺旋槳,從而稍微降低了原有的機槍射速,但能讓飛行員在他認定的最佳時機對準敵機射擊,因此遠比側置機槍更有優勢。當馬克斯·英麥曼(Max Immelmann,1890~1916)在1915年8月取得他(駕駛福克單翼機)的第一次擊墜戰果時,福克單翼機開始了令人印象深刻的服役生涯。

「福克天災」

福克單翼機性能優於當時它所面對的所有飛機,並造成敵方慘重的損失,以致該時期後來被稱為「福克天災」。然而,為了防止同步射擊裝置遭到敵人複製,其行動卻也因此受到限制——福克單翼機不允許飛越敵對領土,以防被擊落。同步射擊裝置並非完美無缺,英麥曼就曾因為同步裝置故障,而擊損了自己座機的一部分螺旋槳葉。

德軍的空戰戰術也在這一時期發展起來。福克單翼機最初被指派為偵察編隊護航,但經驗證明,讓戰鬥機搜索接戰敵機而非僅採取被動防禦的戰果更佳。福克單翼機通常以4機編隊的形式作戰,並

被指派到已知或可能有敵機作戰的區域。這種戰鬥機制空的基本概念被證明是有效的，並在隨後的幾年中成為空戰準則。

福克單翼機服役

儘管福克單翼機數量很少，但在英麥曼和奧斯華‧波爾克（Oswald Boelke，1891～1916）等「空軍王牌」手中，仍立下輝煌戰績。1915年底，只有不到100架福克單翼機在西線作戰，但它們的影響與數量卻不成比例。少數飛機被派往東線，在那證明了它們對俄羅斯航空部隊同樣具有破壞性。

隨著時間推移，改良機型出現了，具有更強力的引擎和第二挺機槍。福克單翼機總有動力不足的問題，然而這點被其敏捷性給補足了。面對福克天災的人並沒有意識到這個弱點，直到改進的紐波特戰鬥機出現，才有信心與福克單翼機進行交戰。

整體而言，福克單翼機的主宰地位是短暫的，空戰的優勢就是如此更迭，而且幾乎每週都會出現新的設計。到了1916年中期，雙方都有更好的飛機問世，而1915年時世界一流的飛機已經落伍汰換。等到福克單翼機被淘汰時，它已經擊落了1000多架敵機。

福克 E.IV

福克E.IV配備了更強大的引擎和一至兩挺額外機槍，但在推出時已經過時，並未重現早期型的成功。

引擎

E.IV的更大引擎在性能方面並無改進。設計上以往良好的機動性大部分喪失了，而且引擎受到機械問題所苦。

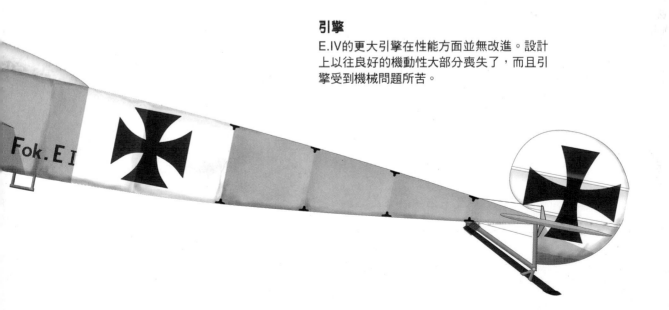

達梭幻象 III

達梭（Dassault）作為一家私人企業，其三角翼構型的幻象III獲得了巨大的出口成功，並成為法國空軍的主力機種。它參與了20世紀中後期的幾次衝突。

三角翼

幻象III的高後掠三角翼降低了高速下的阻力，同時也讓飛機無需使用傳統的尾翼配置。

於1956年首次飛行的幻象（Mirage）III採用了三角翼設計，雖然機動性不如一些其他的競爭對手，但飛行速度很快，在1958年突破了2馬赫——這是歐洲第一種能在水平飛行中做到這點的戰機設計。幻象機的高速和良好爬升率，使其非常適合擔任攔截機的角色，尤其是在只能由轟炸機運載核子武器的時代。

以現代標準來看是有限的武裝，卻完全適合那個時代，包括一對30公厘機砲、兩枚用於近距離戰鬥的魔法（Magic）紅外線導彈，再加上一枚更大的馬特拉（Matra）雷達導彈。

幻象 III 規格

乘員：1	
機身長：14.75公尺	
翼展：8.22公尺	
滿載重量：12,700公斤	
發動機：法國國家航空發動機設計研究製造公司（Société Nationale d'Étude et de Construction de Moteurs d'Aviation, SNECMA）阿塔（Atar）9C後燃渦輪噴射引擎	
最高速度：2112公里/小時	
武裝：2門30公厘機砲加外掛武器；通常為2枚響尾蛇或魔法追熱飛彈加上1枚馬特拉R.530雷達導引飛彈	

以色列幻象機

1967年六日戰爭期間，以色列塗裝的幻象IIICJ。雖然不是出色的攻擊機，但事實證明幻象是一個卓越的空對空作戰平臺。

渦輪噴射引擎

幻象III的阿塔渦輪噴射引擎用於各種幻象機型以及軍旗式（Etendard）和超級軍旗式（Super Etendard）海軍攻擊機。

皇家澳洲空軍的兩架幻象III飛機在澳洲、紐西蘭和美國
（太平洋安全保障條約／澳紐美安全條約，ANZUS）
戰略三角（TRIAD）1984聯合演習期間起飛執行任務。

幻象 IIICJ

幻象IIICJ主要是一種攔截機，設計用於快速
爬升和高速直線飛行。在冷戰初期，快速飛
向來襲轟炸機並將其鎖定在導彈射程內的能
力極為重要。

早期的幻象

幻象I和II本質上是開發平臺，幻象IIIA則是作
為先行生產系列，第一個生產機型是IIIC，略微增
大的IIIB配置為雙座教練機。到1961年，加入了幻
象IIIE空優／攔截機型，這是一個多用途平臺，可
執行攻擊任務亦可用作戰鬥機。幻象IIIE是將IIID教
練機加大機身改造而成，隨後則是名為幻象IIIR的
偵察機型。

幻象III服役

幻象III被許多海外客戶購買,並授權多個國家生產。其中一個主要用戶是以色列,該國飛行員在1967年的六日戰爭展示了其有效性,為幻象機的出口成功貢獻良多。儘管對地攻擊性能不怎麼令人印象深刻,但在衝突中被擊落的阿拉伯飛機,有80%以上是出自幻象之手。

幻象III在1973年再次爆發的以阿戰爭中僅用於空對空任務,並再次取得了巨大成功。雖然空中飛行迴轉緩慢,但幻象機擁有出色的速度和加速度性能,足以超越對手。

南非的幻象III在安哥拉對抗叛亂勢力時,表現並不那麼令人印象深刻,主要是因為對地攻擊作戰半徑短以及機場整備能力差。阿根廷幻象III在1982年面對福克蘭群島附近的英國特遣艦隊時,也同樣缺乏有效的攻擊航程。

衍生型

幻象5是應以色列需求而產生的機型,取消了IIIC型昂貴且技術複雜的雷達,開發成簡化版幻象機。然而,政治干預使出售幻象5給以色列一事告吹,因此幻象5進入法國服役,而以色列人則以幻象III為基礎開發了自己的飛機,名為幼獅(Kfir)。南非也以幻象III為藍本開發了自己的多用途戰鬥機,名為獵豹(Cheetah)。

幻象5被許多海外客戶購買,並授權比利時生產。這些飛機藉由改良電子設備進行了升級,並出現一系列在全球客戶國服役的衍生機型。以色列使用的幻象5名為鷹式(Nesher,或稱鷲式),其中有許多出售給阿根廷了。

從幻象5發展而來的幻象50,具有改良的電子設備和更強力的引擎,一些仍在役的幻象III也升級到幻象50標準,作為多用途攻擊/戰鬥機平臺繼續服役。

武裝

除了兩門30公厘機砲外,幻象III還可以攜帶約4000公斤(8818磅)的外掛裝備,包括飛彈、炸彈、火箭筴艙或長程油箱。

波利卡爾波夫 I-16

回顧1930年代戰鬥機的發展，值得注意的是，蘇聯設計的I-16在六年內一直是世界上最佳的戰鬥機，直到在歐陸遭逢德國空軍的梅塞施密特Bf-109E。

這種單座戰鬥機的設計始於1933年春天，由中央設計局（Tsentralnoe Konstruktorskoe Byuro, TsKB）的波利卡爾波夫（Polikarpov）團隊設計。最初的原型確立了I-16的特徵外觀：懸臂式低單翼飛機，機身粗短，可容納星型引擎（radial engine）。機身以木製結構為主，金屬機翼裝有長條分離式副翼，也可用作著陸襟翼，主起落架單元可向內收至機翼內。

首架原型機TsKB-12由一具480馬力M-22引擎提供動力，於1933年12月31日完成了首飛。

緊隨其後的機型是TsKB-12S，引進了可產生710馬力的美製萊特SR-1820-F3颶風（Cyclone）星型引擎。1934年2月18日，改裝新引擎的原型機進行了首次飛行。

使用原本的M-22引擎，新型戰鬥機在海平面上的最高速度為359公里/小時；而美國的動力裝置則展現了性能改進的結果——在3000公尺時的最高時速為438公里/小時。但在萊特引擎尚未獲得授權生產的情況下，開始生產並配備本土M-22引擎的新飛機I-16於焉誕生。

棘手的操縱性

從一開始，I-16就因其對飛行員的要求極高聞名。不過，它能提供令人印象深刻的速度和出色爬升率。正是這些特性使官方對此型機支持，並訂購了30架配備M-22引擎的I-16。在最初用於評估的這批飛機中，有10架飛機參加了1935年莫斯科上空的

槍砲武裝

槍砲武裝包括四挺7.62公厘施卡斯（ShKAS）機槍，其中兩挺同步安裝在前機身，兩挺安裝在機翼；一些飛機上的翼部機槍被兩門20公厘施瓦克（ShVAK）機砲取代；12.7公厘UB機槍有時會添加到機身安裝的武裝中。

燃料裝載

燃料安置在駕駛艙和引擎之間的機身中央單個油箱中。總容量為255公升。駕駛艙內沒有安裝燃油表，飛行員必須在密切注視手錶時間的同時，聆聽引擎聲音以確定何時燃油不足。

儘管它被德國戰鬥機徹底擊敗，I-16仍繼續在前線服役，直到1943年底。第29戰鬥機航空團（Istrebitel nyi Aviation Nyi Polk, IAP）是戰爭早期幾個月參戰最活躍的單位之一，使用其I-16攻擊德國地面部隊。它是第一個獲得近衛（Guards）稱號的蘇聯空軍單位，在1941年12月6日保衛莫斯科期間成為第一近衛IAP。

尾翼翼面

尾翼翼面必須很大，以應對短後機身造成的穩定性不足。儘管設計師盡了最大努力，但I-16的縱向穩定性依舊有限，而且需要飛行員始終集中注意力操縱。然而，這種不穩定性也為高速下的機動性帶來了巨大優勢，在該情況下桿式升降舵非常有效。

五一勞動節飛行表演。

　　隨著更先進戰鬥機的出現，I-16的生產直到1939年終止。當時對基本型I-16進行了許多改進，包括武器和引擎的更改。然而，事實證明其基本設計非常良好，所以I-16又恢復了生產，以彌補軸心國入侵蘇聯後更現代化生產設備的短缺。結果，在1941～42年間，又有一批I-16從生產線上推出。

　　在其最終機型中，I-16配備了更強大的1100馬力M-63引擎。各機型的總產量多達7005架，包括雙座教練機。

　　1935年起，量產的I-16-4型（進口星型引擎）和5型（M-25引擎）戰鬥機交付給蘇聯空軍。1936年10月起向西班牙共和國空軍供應5型，隨後是6型（M-25A）和10型（M-25V）。

　　1937年，蘇聯的I-16派遣到中國對抗入侵的日軍。1938年初，I-16-10型開始裝備中國空軍；1939年，蘇聯的I-16戰鬥機在滿洲邊境的諾門罕與日本陸軍戰鬥機進行激烈空戰。I-16在對德冬季戰爭中發揮了重要作用，但已經過時（即使是其最新的24型），德國及其軸心國於1941年6月入侵蘇聯時，

I-16的前身是波利卡爾波夫I-153雙翼戰鬥機。這架「海鷗」（*Chaika*）是1990年代中期紐西蘭瓦納卡的阿爾卑斯戰鬥機收藏（*Alpine Fighter Collection*）贊助計劃中，三架修復飛機中的第一架。照片攝於1997年9月在俄羅斯進行的飛行測試。

駕駛艙

狹窄的駕駛艙只配備了基本的儀表。沒有安裝無線電或氧氣設備，也沒有起落架指示器。飛行員配備了一個帶有軛形手柄的控制桿，以及一個在起落架收起纜索卡住時得以將之切斷的纜索切割器。

蘇聯空軍當時的戰鬥機有近三分之二是由I-16所組成。I-16首當其衝，並在1941年的地面和空中戰鬥中損失慘重。在蘇聯的宣傳中，I-16以「攻城槌」（Taran，空中撞擊）戰法對德國轟炸機和戰鬥機的猛烈攻擊而聞名，其中蘇聯飛行員為了擊退敵機，冒著駕機撞擊敵機的風險作戰。

直到1943年底，I-16才最終撤出前線作戰，該機已經實現了全球「第一」，是所有具可收放起落架之懸臂式低單翼戰鬥機投入大規模服役的先驅。

I-16規格

乘員：1

機身長：6.04公尺

翼展：8.88公尺

滿載重量：1475公斤

發動機：1具M-62星型活塞引擎

最高速度：高度3000公尺時490公里/小時

武裝：通常為4挺7.62公厘機槍；加上翼下掛架最高200公斤（441磅）載彈量，可選擇6枚RS-82火箭彈

機翼結構

I-16具有金屬雙梁翼結構，帶有桁架式KhMA鉻鉬鋼合金的中心截面翼梁和管狀外翼梁。翼肋由硬鋁製成，蒙皮是內側鋁和外側織布構成。長副翼由桿和鐘形曲柄操作，可以在著陸時垂下以充當襟翼。

起落架

I-16導入了可伸縮主輪。飛行員操作駕駛艙中的曲柄，通過纜索提升起落架，輪子向內縮回並收入位於中心部分翼梁之間的收納空間，由鉸接襟翼覆蓋。

B-25 米契爾式轟炸機

二戰期間，北美B-25成為美國陸軍航空隊（USAAF）無役不與的中型轟炸機，不僅在美軍參戰的所有戰區中表現活躍，還交付給包括英國皇家空軍在內的多國航空部隊服役。到戰爭結束時，米契爾式（Mitchell）可能是在最多前線服役的作戰機種。

B-25米契爾式機是二戰中使用最廣泛的美國陸軍航空隊輕型／中型轟炸機，它還轉而擔負各種特殊任務，並且於美國海軍和海軍陸戰隊服役。

北美航空工業公司（North American Aviation Inc.）根據1938年1月發布的美國陸軍航空兵團（USAAC，1941年後改制為美國陸航空隊）規格書需求，開發了NA-40攻擊轟炸機設計。第一架NA-40原型機於1939年3月首飛。在整合了各項陸軍修改建議後，北美公司推出了決定性的B-25原型機，在1940年8月19日自萊特機場（Wright Field）首飛。

緊隨其後的是B-25A，設置有額外的防彈裝甲和自封油箱。美國陸軍航空隊第一個裝備B-25和B-25A的單位是第17轟炸機大隊。

B-25J「貝蒂的夢想」（Betty's Dream）
隸屬西南太平洋戰區的美國陸軍航空隊第499轟炸中隊，也被稱為「地獄蝙蝠」（Bats Outa Hell）。飛機的前端塗飾了一隻有牙齒和翅膀的巨大蝙蝠。

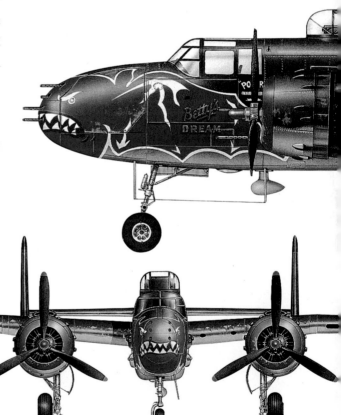

主翼
米契爾式轟炸機有一個獨特的倒鷗形主翼，這使得飛機更具機動性。

炸彈
米契爾式轟炸機的兩個垂直炸彈艙可以攜帶1361公斤（3000磅）炸彈。

B-25規格

乘員：5

機身長：16.12公尺

翼展：20.60公尺

飛機空重：9208公斤

發動機：2具萊特R-2600-13星型活塞引擎

最高速度：高度4570公尺時457公里/小時

武裝：6挺12.7公厘機槍（機頭、班迪克斯機背槍塔和腹側槍座各2挺），加上最大載彈量1361公斤（3000磅）

B-25B設置有一具班迪克斯廠（Bendix）的動力操作機背槍塔和一具機腹槍塔，並取消了機尾槍座。B-25C的配置類似，但使用1700馬力的萊特R-2600-13引擎取代了早期使用的R-2600-9s引擎，B-25C總產量為1619架，該型還引入了自動駕駛儀和額外的翼下炸彈架。緊隨其後的是2290架大體相似的B-25D。

隨著戰爭爆發，第3轟炸機大隊開始了西南太平洋地區的長期駐戰。與此同時，第17轟炸機大隊也準備參加對東京的大膽攻擊。1942年4月18日，由詹姆斯·杜立德（James H. Doolittle，1896～

乘員艙口

五名機組人員藉由機身下部的艙口進入飛機。

1993）中校率領的16架B-25B中的第一架從大黃蜂號（Hornet）航空母艦甲板起飛。在飛行了1184公里後抵達日本首都，又再飛往名古屋、神戶及橫濱等其他目標。雖然這次空襲對日方造成的損失很小，卻為美國人帶來了巨大的士氣和宣傳價值。

當B-25在新幾內亞上空作戰時，它也被引入北非戰區的美國陸軍第12航空隊、印度戰區第10航空隊，以及阿留申群島的第11航空隊操作，英國皇家空軍第2轟炸機大隊則使用改稱為米契爾Mk I和米

作為大約45架仍然適航的米契爾式機之一，這架「準備時間」（Briefing Time）由賓州雷丁的中大西洋航空博物館所保有。這架B-25J配備諾頓（Norden）投彈瞄準具和原裝無線電設備，以及一個裝有六顆真正113公斤（250磅）炸彈的彈艙。

契爾Mk II的B-25。早在1942年3月，首批850架B-25就在運往蘇聯的途中，而該機型在蘇聯軍隊中廣泛服役。

低空襲擊者

在新幾內亞，B-25成為太平洋戰爭中最可怕的武器之一，美國第5航空隊採用了B-25和馬丁（Martin）B-26的低空打擊戰術，對抗日本的機場和艦艇。在保羅·古恩（Paul I. Gunn，1899～1957）少校的指導下，B-25C和後續機型配備了多達八挺前射12.7公厘白朗寧（Browning）M2機槍，並攜帶了破裂彈。B-25在這個戰區的作戰成了傳奇，而1943年3月的俾斯麥海戰役是其最具代表

1944～45年，B-25J「執行甜蜜」（Executive Sweet）製造於堪薩斯城，在整場戰爭期間作為美國的機組教練機服役。1948年，這架飛機被改裝為美國空軍的VB-25J要員運輸機。1954年12月，它被海斯飛機（Hayes Aircraft）公司升級為VB-25N供民用，現由美國航空基金會保持適航狀態。

「破鴨」

由泰德‧勞森（Ted W. Lawson，1917～
1992）中尉駕駛的「破鴨」（Ruptured
Duck）是1942年4月18日在東京空襲中使
用的16架B-25B之一。空襲後，這架轟炸
機在中國常熟以西的中國海迫降。五名機
組人員身受重傷，但都獲救了。

機背槍塔

機背槍塔是用來防禦自上方攻擊的戰
鬥機，但也可以向前鎖定，以在機鼻
端提供額外的火力。

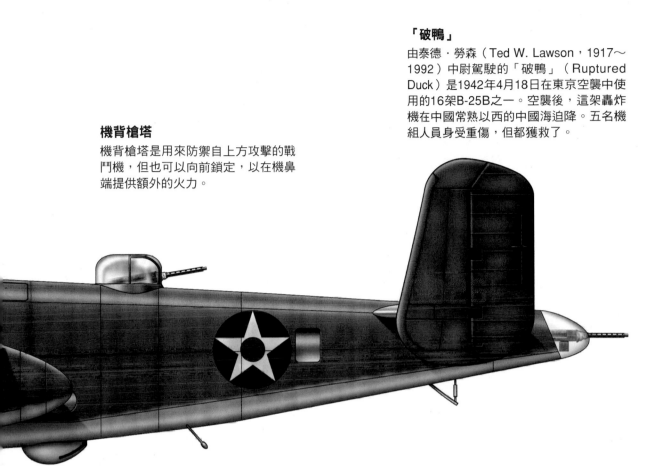

性的戰力展示。

　　1943年，北美公司推出了B-25G和B-25H，它
們配備了不同類型的75公厘加農砲，但這些武裝運
用稱不上完全成功。反艦用B-25G（405架）配備
75公厘M4機砲和六挺機槍，曾被美國空軍在遠東
地區用於打擊日軍目標。更加重武裝的是配備75公
厘機砲和14挺（或後期型的18挺）12.7公厘機槍的
B-25H（1000架）。

　　使用最廣泛的機型是B-25J，該型機有玻璃艙
罩機首和武裝機首，移交給英國皇家空軍的B-25J
被稱為米契爾Mk III。簽訂的4805架製造合約，
實際共完成了4390架配備萊特R-2600-92引擎和
12挺12.7公厘機槍的B-25J。美國海軍和海軍陸戰

隊則使用PBJ-1C（50架）、PBJ-1D（152架）、
PBJ1-G（1架）、PBJ-1H（248架）和PBJ-1J
（255架）等次型。10架F-10偵察型是由B-25D改裝
而來。在1943～44年期間，60架B-25D、B-25G、
B-25C和B-25J飛機被改裝為高級教練機，分別命名
為AT-25A、AT-258、AT-25C以及AT-25D，這些飛
機後來被重新命名為TB-25D、TB-25G、TB-25C以
及TB-25J。

　　包括所有使用國家，B-25大約生產了9816
架。米契爾式機在戰後繼續使用多年，特別是在
小國空軍。美國空軍最後一架B-25人員運輸機於
1960年5月21日退役，其他戰後改裝包括TB-25L和
TB-25N教練機。

洛克希德U-2

時至今日，U-2偵察機的名號仍被人們銘記，因其在1960年戲劇性的冷戰事件中發揮了核心作用。儘管出現了更先進的偵察機，U-2在服役中的表現依舊出色，今日的U-2S為決策者提供了關鍵的圖像和訊號情報。

U-2偵察機是美國艾森豪總統倡議的「開放天空」（Open Skies）政策的產物，旨在實現美蘇可相互飛越對方領土進行偵察，但遭到蘇聯拒絕。1955年8月，洛克希德（Lockheed）試飛了由該公司隱密的「臭鼬工廠」（Skunk Works）所製造之U-2偵察機原型機。它由一具普惠J57引擎提供動力，其特徵是具有滑翔機般的高翼展機翼，除了可以增加航程之外，還能夠在攔截機無法觸及的高度飛行。

1960年5月1日的一次飛越蘇聯執行偵察任務期間，隸屬中央情報局且由弗朗西斯·鮑爾斯（Francis Gary Powers，1929～1977）駕駛的U-2遭到地對空導彈擊落，但U-2仍是包括1962年古巴導彈危機在內的冷戰時期關鍵情報收集平臺。

飛行中的U-2。U-2的高度和航程性能關鍵在於其長翼展。它實際上是一種動力滑翔機，具有輕巧的結構和高長寬比的機翼。

U-2C

這架飛機是1950年代後期建造的U2-A所轉換的U-2C，它在1975年參與了Pave Onyx先進定位暨打擊系統試驗。

彈射座椅

為了減輕重量，第一批U-2沒有配備彈射座椅，但後來有添加。此機以在著陸時難以操縱而聞名。

油箱
U-2B和U-2C主翼前緣裝了兩個容量分別為
477公升的「拖鞋」（slipper）油箱，以提
高航程和性能。

雷達
位於機翼後緣的後向雷達警告接收
器可為飛行員提供敵方雷達警告。

U-2蛟龍夫人（*Dragon Lady*）被認為
是載人情報、監視和偵察系統的佼佼
者。2005年，卡崔娜颶風和莉塔颶風摧
毀了墨西哥灣沿岸地區後，一架U-2在
該地區上空收集影像。

最初的U-2A由推力46.70千牛頓（4,762公斤）的J57-P-37或推力49.80千牛頓（5,078公斤）的J57-P-37A渦輪噴射引擎提供動力，到了加強機身的量產改良型U-2B，裝置的J75-P-13或J75-P-13B渦輪噴射引擎推力各增加到70.27千牛頓（7,166公斤）或75.60千牛頓（7,709公斤），並增加了燃料容量。U-2C則為J75-P-13B引擎增設了擴大進氣口，並且加長了機頭和背部「獨木舟」外罩以容納新感測器。

U-2CT是雙座轉換教練機型，其中兩架設置有各自獨立的階梯式駕駛艙。緊隨其後的是由U-2A改裝而來的U-2D，它的駕駛艙後部經過改裝，設有可容納感測器的「Q艙」，可容納第二個座位或更多系統設備。U-2E是透過將現有的U-2A和U-2B飛機改裝成適合中央情報局工作的先進電子反制措施

而生產的。U-2F是另一種U-2A改裝，配備有空中加油裝置。或許最不尋常的是U-2G：兩架U-2C裝有攔阻鉤和其他用於航艦操作試驗的改裝。

新的放大機型

與此同時，洛克希德公司已經開始研製能夠攜帶額外感測器的放大版U-2──也就是於1967年8月28日首次飛行的U-2R。它比原來的飛機大40%，能力也大為增強，並交付給美國空軍和中情局使用。1979年11月，U-2的生產線重啟，提供37架新機身。這些飛機中共有25架最初被指定為TR-1A，旨在攜帶ASARS-2戰場監視雷達。隨著冷戰結束，TR-1A的名稱被取消，由原本的U-2R取而代之，反映了其基本共通性。

除了七架U-2R，新生產批次還包括三架雙座

U-2B規格

乘員：1	
機身長：15.14公尺	
翼展：24.38公尺	
滿載重量：10,478公斤	
發動機：1具推力75.65千牛頓（7,714公斤）的無 後燃器J75-P-13B渦輪噴射引擎	
最高速度：853公里/小時	
武裝：無	

機身

通信、導航及任務設備安裝
在飛機機身的長背脊中。

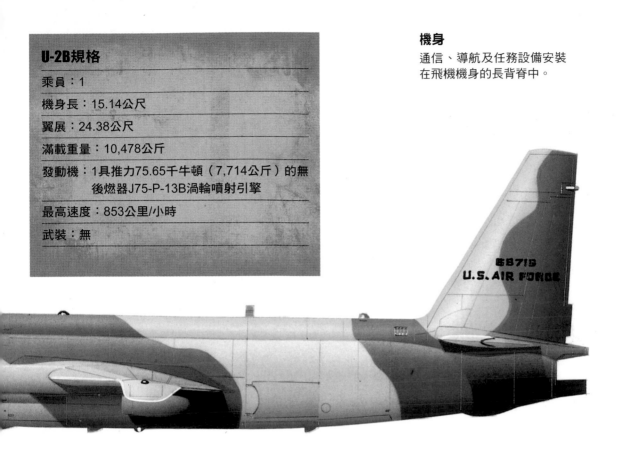

雙色迷彩

這架WU-2A被設計用於高空大氣採樣。這
種雙色調的灰色迷彩專為1970年代於歐洲
作戰而設計。

TR-1B和U-2RT教練機，而最終後者共享了U-2RT
名稱。此外，美國國家航空暨太空總署獲得了兩架
符合ER-2標準的飛機，用作地球資源監測平臺。

　雖然新的感測器不斷添加到U-2機隊中，但
機身改良一直受到限制，直到1989年3月使用一架
TR-1A完成了換裝F118渦輪扇引擎的飛測，至1992
年洛克希德才開始用通用電氣（General Electric,
GE奇異公司）F118-GE-101渦輪扇引擎取代J75渦
輪噴射引擎。自1994年以來，已投入17億美元對
U-2機身和感測器進行現代化改良，這些升級包括
全機隊換裝F118引擎，美國空軍所有單座飛機重新
更名為U-2S、雙座機更名為TU-2S，兩型機都配屬
加州比爾空軍基地的第9偵察聯隊，該聯隊在全球
設有作戰分遣隊。

阿夫羅火神式轟炸機

儘管僅在其服役生涯遲暮之年才在衝突中使用，三角翼設計的火神式（Vulcan）轟炸機仍是英國皇家空軍最好的「V系列轟炸機」，也是英國戰後飛機工業經典設計之一。它在1982年飛往福克蘭群島的作戰是多年來執行時間最長的一次轟炸任務。

二戰後，英國著手建立自身的空中核子威懾力量，於是產生了B.14／46規格需求：飛機性能要能夠攜帶4536公斤（10,000磅）的「特殊炸彈」並在2735公里範圍內攻擊目標。

下一步則是B.35／46規格需求，為英國皇家空軍設計並開發出了三種「V系列轟炸機」：維克斯勇士式（Vickers Valiant）、阿夫羅火神式（Avro Vulcan）以及亨德利佩吉勝利者式（Handley Page Victor）轟炸機。火神式機是第二款投入服役的V系列轟炸機，但在此前，阿夫羅公司已使用707型三分之一比例的研究飛機對其三角翼構型完成了一系列測試。

兩架火神式原型機中的第一架於1952年8月30日首飛，由四具推力28.91千牛頓（2,948公斤）

的勞斯萊斯亞文渦輪噴射引擎提供動力，不過隨後量產的火神式機使用了推力35.59千牛頓（3,629公斤）的阿姆斯壯西德利藍寶石（Armstrong Siddeley Sapphire）渦輪噴氣引擎，接著是推力66.72千牛頓（6,804公斤）的勞斯萊斯康威（Conway）渦輪扇引擎。第二架原型機於1953年9月3日研製成功，第一架量產的火神B.Mk 1於1955年2月4日首飛。

機翼修改

早期試驗結果決定對機翼進行修改，以減輕可能導致金屬疲勞使結構失效的抖振現象。因此在該機型正式服役之前，機翼被改裝成折線前緣三角翼，新機翼的前緣向內折，外翼段前緣的後掠角小

火神B.Mk 2

該型火神式轟炸機在1982年福克蘭群島戰爭期間用於長程轟炸空襲。

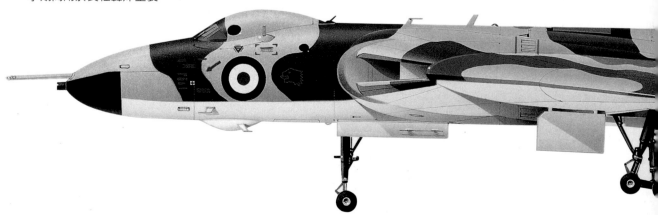

火神式轟炸機規格

乘員：5

機身長：30.5公尺

翼展：33.83公尺

滿載重量：90,720公斤

發動機：4具推力各88.97千牛頓（9,072公斤）的布
里斯托奧林帕斯渦輪噴射引擎

最高速度：1038公里/小時

武裝：藍色多瑙河（Blue Danube）氫彈；藍鋼核子
飛彈；或21,454公斤（47,300磅）傳統炸彈

三角翼
三角翼是火神式機最突出的
特點，有助於消除高空飛行
的機翼抖振現象及改善高G
力機動性。

引擎
火神式機的勞斯萊斯奧林帕斯
引擎設置在主機翼內。

36

於內翼前緣，而不是平直的前緣。改裝新型機翼的火神式機在1955年10月首飛成功，之前的B.Mk 1機型都改為相同的標準。

火神式機使用各種不同引擎動力飛行，早期的B.Mk 1機型具有推力48.93千牛頓（4,989公斤）布里斯托希德利奧林帕斯（Bristol Siddeley Olympus）Mk 101渦輪噴射引擎；後來的飛機配備了奧林帕斯Mk 102或Mk 104引擎，每具額定功率分別為53.38千牛頓（5,443公斤）或60.05千牛頓（6,123公斤）。1961年，B.Mk 1機型改裝了帶有電子反制設備的尾錐，成為火神B.Mk 1A。

B.Mk 2的原型機於1957年8月31日首飛，除了更強大的引擎和改良後的機翼外，B.Mk 2還增加了空中加油能力。量產型火神B.Mk 2於1960年投入使用，主要武器最初是藍鋼（Blue Steel）防區外炸彈（stand-off bomb）。

火神B.Mk 2A

在1962～64年期間，所有服役的B.Mk 2機型都換裝了推力88.96千牛頓（9,071公斤）的奧林帕斯301引擎。最終機型是作為一種新型飛機生產的火神B.Mk 2A，經過改裝後具有發射藍鋼飛彈的能力、用於低空穿透任務的貼地飛行（Terrain Following，TF，地貌追沿）雷達，以及更先進的電戰反制（Electronic Warfare Countermeasures，ECM）能力。

1973年，一些飛機改裝至火神B.Mk 2MRR標準，執行海上戰略偵察任務，並配備了額外的電子、光學及其他感測器。到1980年代初，在確定維持機隊運作的機體延壽工程成本太高而無法負擔後，英國決定在1981年6月至1982年6月期間汰除所有火神式機。

1982年4月阿根廷入侵福克蘭群島時，英國皇家空軍的火神式機正在退役。為了因應該狀況，三個中隊匯集幾架飛機組成一支可從亞森松島基地攻擊福克蘭群島的部隊。另外六架改裝為火神K.Mk 2空中加油機。這些加油機是最後一批服役的火神式機，於1984年3月退役。

火神式機的產量達到134架，包括45架B.Mk 1和89架B.Mk 2機型。

藍鋼核彈

這款火神B.Mk 2配備了藍鋼飛彈——射程926公里的火箭推進核彈。這架飛機機身塗有防核爆閃光的白色塗裝，隸屬英國皇家空軍第617中隊。

地勤人員正在準備一架英國皇家空軍火神表演隊的火神B.Mk 2，於1985年的空中饗宴（*Air Fete*）航空展期間進行飛行表演，該型機隨後自英國皇家空軍除役。

福克蘭群島空襲機

XM607是第一架在福克蘭群島戰爭期間空襲史坦利港機場的火神式轟炸機，以阻止阿根廷軍隊入侵。火神式機必須從距離超過12,600公里的亞森松島起飛，進行16小時的往返飛行。

B-24 解放者式轟炸機

雖然在廣為流傳歷史中被波音B-17飛行堡壘（Flying Fortress）及其後B-29超級空中堡壘（Superfortress）的光芒所掩蓋，但是團結飛機公司（Consolidated Aircraft）的B-24建造數量卻比二戰中任何其他美國軍用飛機都還要多，並且還是歷史上最多產的四引擎飛機。

1939年1月，應美國陸軍航空兵團的要求，團結飛機公司開始了一項性能優於B-17的重型轟炸機設計研究。該設計方案名為32號機型，XB-24原型機於同年12月29日首飛。

早期型號

完成七架服役測試YB-24的小規模開發批次生產，讓團結飛機公司在1940年忙得不可開交，而最初的訂單包括為美國陸軍航空兵團提供的36架最初生產的B-24A，以及為法國製造的120架飛機。當第一架量產型飛機在聖地牙哥開始離開生產線時，法國已經投降了，原為法國訂單的飛機遂修改規格，轉納至繼法國之後很快跟著下訂的164架英國訂單內。英國皇家空軍引入B-24使用了解放者（Liberator）這個名字，後來也被美國陸軍航空隊採用，交付英國的這批飛機於1941年1月17日完成首飛。

B-24D解放者式機「泰吉・安」

泰吉・安（Teggie Ann）是第376解放者轟炸機大隊的指揮機。該大隊在1944年對羅馬尼亞普洛耶什蒂油田空襲後遭受了重大損失。

B-24的產量非常大,近19,000架。它是歷史上生產最多的重型轟炸機,也是美國生產最多的軍用飛機。

B-24J規格

乘員:11

機身長:20.6公尺

翼展:33.5公尺

滿載重量:25,000公斤

發動機:4具各1200馬力的普惠R-1830-35或-41
渦輪增壓星型引擎

最高速度:488公里/小時

武裝:置於槍塔及機身腰部兩側的10挺12.7公厘
M2白朗寧機槍;炸彈(短程:640公里)
3600公斤(8000磅)

後槍手
後槍手從動力槍塔發射兩挺12.7公厘機槍。

長翼展
美國陸軍航空隊B-24的超長翼展賦予了飛機出色的長航程和在高空的良好性能。

最初的XB-24原型機同時被修改為XB-24B標準，配備自封油箱和防彈裝甲，以及R-1830-41渦輪增壓引擎。有9架飛機是為美國陸軍航空隊生產，編號為B-24C。

普洛耶什蒂空襲

第一個主要生產機型——使用R-1830-43引擎的B-24D，出現在1941年末。將B-24主要集中在太平洋戰區的政策決定（該機型的長航程在該地區頗有成效），導致2738架B-24D中大部分飛機被用於對抗日軍。然而，歐洲和北非的第八和第九航空軍也接收了這型飛機，他們出色的空襲之一是1943年8月1日對普洛耶什蒂煉油廠的襲擊。

來自福特公司生產線的第一個量產機型是裝備改良螺旋槳的B-24E。團結公司和道格拉斯公司還製造了總產量801架的B-24E機型，其中一些配備了R-1830-65引擎。隨後生產轉向B-24G，共生產了430架，引入了一個機首雙聯裝電動槍塔來對抗德國空軍戰鬥機的正面攻擊。緊隨其後的是產量3100架的B-24H，配有各種型號的機首槍塔，該機型來自北美航空工業公司的一條新生產線。類似的飛機也由團結、道格拉斯以及福特公司生產。

主要量產機型是B-24J，共生產了6678架，包括一個液壓動力機首槍塔、新型自動駕駛儀和轟炸瞄準器。

B-24L（1667架）與B-24D相似，尾槍塔被兩挺手動控制的12.7公厘機槍取代，其中團結公司製造417架、福特公司製造1250架，而B-24M（2593架）配置一具液壓動力雙聯裝尾槍塔。

英國皇家空軍服役

在英國皇家空軍服役時，最初的解放者Mk I和Mk II缺乏直接的美國同類產品，而B-24D被稱為解放者Mk III。解放者GR.Mk VI是配備給海岸司令部操作的B-24J，而解放者B.Mk VI同樣是B-24J，但在中東和遠東作為重型轟炸機使用。

B-24系列的製造工作（五年半內共生產了18,313架飛機）涉及團結、道格拉斯、福特及北美

公司的各生產工廠，總數包括許多用於英國皇家
空軍（42個解放者式中隊服役）和美國海軍（以
PB4Y的名稱服役）以及生產了282架25人座C-87人
員運輸機。

*首型大量建造的解放者式機，B-24D
有一個樹脂玻璃機鼻。*

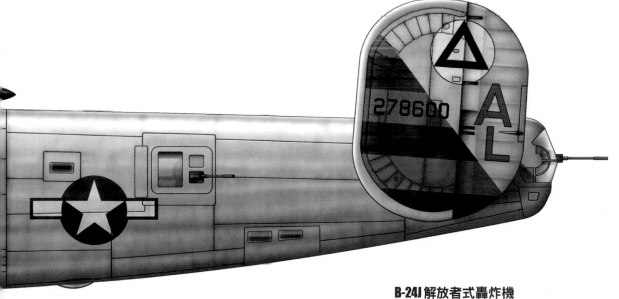

B-24J 解放者式轟炸機
B-24J包括一種新型槍塔和兩挺位於機身兩
側的機槍。

福克 D.VII

在1918年下半年時生產量約3300架的福克D.VII，被認為是第一次世界大戰中最好的德國戰鬥偵察機。在德國空軍（Luftstreitkräfte）服役時，很快便證明了它是敵方的強大對手。

福克D.VII型是福克飛機公司設計師萊茵霍德·普拉茨（Reinhold Platz，1886～1966）繼D.VI型設計的新機型，有許多改進。結果，D.VI和D.VII型於1918年1月在阿德勒斯霍夫接受服役評估時，參與試驗的操作飛行員一致作出支持D.VII型的結論。儘管如此，這兩型機都有投入服役，但只有59架D.VI型機製造完成。

儘管福克D.VII並沒有立即擊敗其穩定競爭夥伴，但它確實證明了福克飛機公司是卓越的德國戰鬥偵察機建造者。信天翁公司（Albatros Werke）曾是福克公司在生產合約方面的主要競爭對手，但是在阿德勒斯霍夫測試評估後，信天翁公司本身的偵察機逐漸停產，甚至被命令在自己的工廠生產D.VII型機。

早期生產的D.VII由帶有車用正面散熱器的160馬力梅賽德斯D.III水冷式引擎提供動力，但後來1918年推出的185馬力BMW引擎提供了大幅改進的性能。

引擎
早期的D.VII系列配備了梅賽德斯D.III引擎。這種低馬力引擎限制了飛機的性能。

在1920年代製片行業鼎盛時期，D.VII成為好萊塢戰爭電影的首選戰鬥機。在這裡，一名飛行員回首看攝影機準備開始另一場空戰纏鬥場景攝影。

堅固的結構

飛機機翼和機身的巨大強度意謂著它在戰鬥中具備有力的機動性。

配色方案

福克D.VII的空戰王牌們在第一次世界大戰期間採用了一系列精心設計的配色方案。

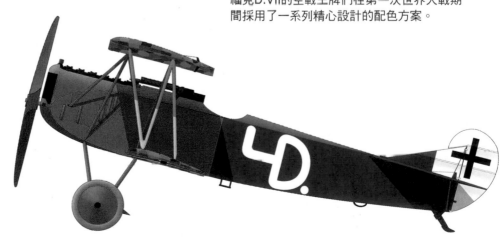

簡單的構造

D.VII的成功除了升限（最大爬升高度）高、急轉彎不易失速等飛行特性之外，還可歸功於構造簡單、易於維修等優點。機翼為木質結構，外覆布料；機身為鋼管支撐箱梁；機頭在下機翼前方採用金屬包覆；機尾覆蓋膠合板，頂部使用拉伸布面。下機翼為一體成形結構；下機身縱梁被貫穿，讓翼梁直接穿過機身——這種配置提供機身相當大的強度。所有翼面間和中心截面支柱均採用流線型截面鋼管。

飛機的少數故障包括翼肋失效和上機翼覆布脫落，另一個問題則是引擎產生的熱量偶爾會點燃磷彈藥，油箱有時會在接縫處破裂。

福克 D.VII規格

乘員：1	
機身長：6.954公尺	
翼展：8.9公尺	
滿載重量：906公斤	
發動機：1具185馬力的BMW III六缸活塞引擎	
最高速度：189公里/小時	
武裝：2挺7.92公厘LMG 08/15斯潘道（Spandau）機槍	

福克 D.VII

這架D.VII由第40戰鬥機中隊的指揮官卡爾·德格洛（Carl Degelow，1891～1970）中尉駕駛。他是一位擁有30架擊墜紀錄的王牌，並且於1918年11月9日——也就是戰爭結束前兩天——獲得了大藍徽十字勳章（Pour le Mérite）。

爬升能力

當D.VII由過壓的BMW.III引擎提供動力時，它可以超越所有對手的爬升率，並擁有更高的升限，使其比盟軍SE.5a和SPAD XIII更具競爭優勢。

投入服役

第一個接收D.VII的德國空軍聯隊是第一聯隊，在其傑出指揮官曼弗雷德·馮·里希特霍芬（Manfred von Richthofen，1892～1918）駕駛福克Dr.I三翼機戰死幾天後的1918年4月下旬，交付給第4、6、10及11戰鬥機中隊。繼第一聯隊後是第二聯隊第12、13、15及19戰鬥機中隊，以及第三聯隊第2、26、27及36戰鬥機中隊。最後，共有46個配備D.VII的戰鬥機中隊在西部和南部前線飛行，約占德國戰鬥偵察機兵力的65%。毫無疑問，儘管在1918年服役的盟軍偵察機〔例如SE5a和鷸式（Snipe）〕具有卓越性能，但法國和英國的中隊仍對D.VII懷有敬意，且其外觀稜角分明，具有清楚的矩形機翼與盒狀機身。停戰協議中的一項條款證明了這種尊重，該條款明確要求將所有一線D.VII機群移交給盟國。事實上，在第一次世界大戰過後，D.VII獲得了進一步的戰鬥役期：在波蘇戰爭期間被波蘭投入戰鬥，主要用於地面攻擊，並在1919年匈牙利羅馬尼亞戰爭期間被匈牙利蘇維埃共和國投入戰鬥。

駕駛D.VII獲得高擊墜架數的知名和王牌飛行員中，有恩斯特·烏德特（Ernst Udet，1896～1941）、埃里希·羅溫哈特（Erich Löwenhardt，1897～1918）、魯道夫·貝托爾德（Rudolf Berthold，1891～1920）、奧利維耶·馮·博利奧-馬康奈（Olivier Freiherr von Beaulieu-Marconnay，1898～1918）及格奧爾格·馮·漢特曼（Georg von Hantelmann，1898～1924）等人，更不要忘記赫爾曼·戈林（Hermann Goering，1893～1946）的全白D.VII座機。

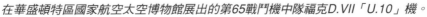

在華盛頓特區國家航空太空博物館展出的第65戰鬥機中隊福克D.VII「U.10」機。

阿夫羅 蘭開斯特式轟炸機

英國二戰中最佳重型轟炸機，四引擎的蘭開斯特式（Lancaster）轟炸機因其在1943年的「水壩剋星」（Dambusters）空襲和其他備受矚目的任務中表現出色而聞名。最重要的是，它在皇家空軍轟炸機司令部擔負對納粹德國進行無情夜間轟炸的主力。

相對於蘭開斯特式機的輝煌戰功，有點令人驚訝的是，其投入服役的路途反而相當艱辛。相關發展始於阿夫羅公司的曼徹斯特式機（Manchester）——一款失敗的雙引擎轟炸機設計。甚至在曼徹斯特式機交付英國皇家空軍之前，就已經在研究相同基本機身的四引擎機型設計。

由曼徹斯特式機改裝的第一架蘭開斯特式原型機配備了擴大的外翼板，由四具1145馬力的勞斯萊斯梅林（Merlin）X型引擎提供動力。在最初的形式中，原型機保留了曼徹斯特式機的三垂直尾翼設置，但後來被修改為雙尾翼方向舵配置，成為量產蘭開斯特式機的標準配置。原型機於1941年1月9日首飛。

新型轟炸機立即取得成功，並下達了大量生產訂單。但戰爭變化速度太快，以致於1941年10月第一批生產的蘭開斯特式轟炸機是在美國完成，並將曼徹斯特式機身半成品引入生產線而成為蘭開斯特Mk I（1942年起改稱為蘭開斯特B.Mk I）。

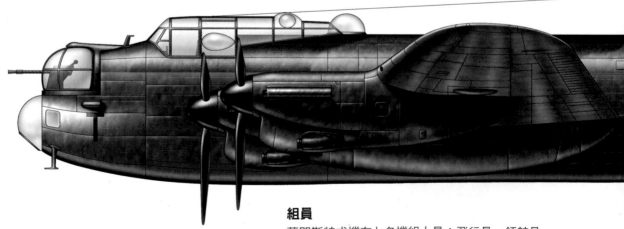

組員
蘭開斯特式機有七名機組人員：飛行員、領航員、飛行工程師、炸彈瞄準具／機鼻射手、上槍塔射手、無線電操作員和後射手。

蘭開斯特式機很快就開始取代曼徹斯特式機，這造成梅林引擎生產需求短缺。對此，美國的帕卡德（Packard）公司獲得授權生產不僅用於蘭開斯特式機，也用於其他機型的梅林引擎。另一種方式提供了進一步的引擎供應保險：使用1735馬力的布里斯托力士（Hercules）VI或XVI星型引擎。

參加英國皇家空軍戰役紀念飛行展示的阿夫羅蘭開斯特式轟炸機。

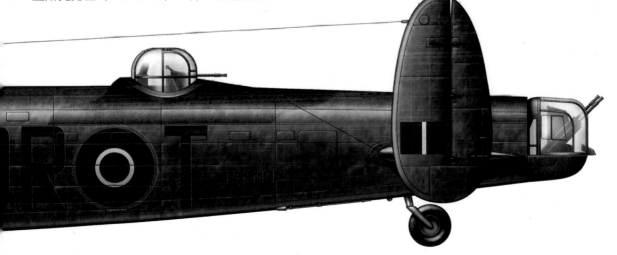

雙尾翼
雙尾翼配置為蘭開斯特式機提供了極大的穩定性。機身可能會部分戰損，但轟炸機仍然可以返航。

與此同時，蘭開斯特式機使用的梅林引擎動力不斷提升，起初原型機使用的引擎已換成了1280馬力的梅林XX及22型，或後來生產機型使用的1620馬力梅林24型引擎。

驚人的武器裝載量

蘭開斯特式機的炸彈艙最初設計用於攜帶1814公斤（4000磅）炸彈，但逐漸擴大以攜帶越來越大的炸彈：高達3629和5443公斤（8000和12,000磅），最終達到彈跳炸彈（bouncing bomb）設計者巴恩斯·沃利斯（Barnes Wallis，1887～1979）的巨大9979公斤（22,000磅）「大滿貫」（Grand Slam）炸彈，這是二戰中最重的空投炸彈。

蘭開斯特式機的首次空襲作戰是在1943年8月17日由第44及97中隊的12架飛機編隊執行轟炸奧格斯堡任務，空襲在低空、無護航機和白天飛行情況下，對一家生產潛水艇（U-boat）引擎的工廠造成了相當大的破壞，但付出的成本也很高，共損失了七架飛機。這次空襲或許也向空軍參謀部證實，重型轟炸機在白天進行無護航機空襲是不可行的。

德國戰鬥艦鐵必制號（Tirpitz）多次遭到蘭開斯特式機的空襲轟炸，直到1944年11月12日，第9中隊和第617中隊的聯合部隊在挪威的特羅姆瑟峽灣發現了這艘戰鬥艦，並用同樣由巴恩斯·沃利斯設計的5443公斤（12,000磅）「高腳男孩」（Tallboy）炸彈將其擊沉。接著，第617中隊於1945年3月14日首次對比勒費爾德高架橋使用「大滿貫」炸彈，造成了相當大的破壞。

蘭開斯特B.Mk I在整個戰爭期間一直在生產，阿姆斯特朗惠特沃斯（Armstrong Whitworth）在1946年2月交付了最後一架。生產包括兩架Mk I原型機、3425架Mk I、301架Mk II、3039架Mk III、180架Mk VII和430架Mk X，總計7377架。這些飛機由阿夫羅廠（3673架）、阿姆斯壯惠特沃斯廠（1329架）、奧斯汀汽車廠（Austin Motors，330架）、都城維克斯廠（Metropolitan Vickers，1080架）、維克斯阿姆斯壯廠（Vickers Armstrong，535架）和勝利飛機廠（Victory Aircraft，430架）製造。至少有59個轟炸機指揮中隊使用蘭開斯特式轟炸機，它們飛行了超過156,000架次，除了618,350公噸高爆炸彈外，還投擲了超過5100萬枚燃燒彈。

蘭開斯特 Mk I 規格

乘員：7

機身長：21.11公尺

翼展：31.09公尺

滿載重量：24,948公斤

發動機：4具1280馬力的勞斯萊斯梅林XX液冷V12
引擎

最高速度：454公里/小時

武裝：8挺白朗寧7.7公厘Mark II機槍（前槍塔2
挺，上槍塔2挺，後槍塔4挺）；最大正常
載彈量為6350公斤（14,000磅）

炸彈艙

蘭開斯特式機成功的關鍵在於其巨大的炸
彈艙，可裝載多達7.11公噸的炸彈。經過
改裝，它可以攜帶重達10.16公噸的「大滿
貫」炸彈。

蘭開斯特 B.Mk I

這架蘭開斯特式機是英國皇家空軍轟炸機司
令部對德國進行夜間空襲的典型代表。深綠
土色上機身和黑色下機身的標準迷彩塗裝在
整個機隊中很常見。

容克斯 Ju 87

Ju 87「斯圖卡」（Stuka）作為希特勒在西歐軍事侵攻時期的象徵，因其早期用作恐怖武器而惡名昭彰。然而，它的命運隨著1940年的不列顛之戰而改變，此後它主要被當作反戰車飛機運用。

容克斯（Junkers）Ju 87以「斯圖卡」名號著稱，源於俯衝轟炸機德文「Sturzkampfflugzeug」的縮寫。Ju 87最初被設計為一種機載火砲，以支援德國軍隊不斷發展的戰術，後來被稱為「閃電戰」（Blitzkrieg）。在此任務中，它能夠以極高的精度投射武器，但如果沒有空中優勢，就極易被敵方戰鬥機擊落。

Ju 87於1935年首飛，三架原型機中的第一架配備雙垂直尾翼和勞斯萊斯紅隼（Kestrel）引擎。在第一架原型機俯衝測試中尾部塌陷解體後，第二架原型機引入了單尾翼方向舵配置，並由一具610

馬力的容克斯Jumo 210A引擎提供動力。基於這架飛機的官方評估和進一步改進的第三架原型機，配備640馬力Jumo 210Ca引擎的10架先導量產型Ju 87A-0於焉誕生。

最初的Ju 87A-1量產機型於1937年春季開始服役，1938～39年西班牙內戰期間，禿鷹軍團（Legion Condor）使用了三架Ju 87在作戰條件下進行了測試。

為支援1939年9月入侵波蘭，德國空軍部署了已裝備Ju 87的所有五個俯衝轟炸機聯隊。正是在這場戰役中，在空中幾乎沒有有效抵抗的情況下，

Ju 87B-1

這架Ju 87B-1參與了1940年5月對法國的戰役，Ju 87B是第一款大量生產機型。

1941年春季巴爾幹戰役期間，這架Ju 87B斯圖卡停放在希臘的一座機場上，機側是500公斤（1102磅）炸彈。

Ju 87R-2／TROP

一些機組人員會將他們的飛機塗飾個性化，像是這架所繪製的蛇圖形。這架斯圖卡隸屬非洲軍團，在北非戰區服役。

斯圖卡的傳奇誕生了。隨著俯衝減速板產生的如警報器聲般的尖嘯，曲翼俯衝轟炸機在波蘭軍隊和平民中肆虐，有效地摧毀了該國的交通線、橋梁、鐵路和機場。

長程機型

在艱難的挪威戰役中，參戰的Ju 87R配掛用於長程任務的翼下油箱。在Ju 87B的基礎上，R型可攜載額外的燃料和一枚250公斤（551磅）炸彈。

不列顛之戰期間，Ju 87R和Ju 87B大量投入服役，直到英國皇家空軍戰鬥機對其造成嚴重損失才暫時撤出戰鬥。Ju 87B-1特徵是重新設計的機身、流線型輪罩、1200馬力Jumo 211Da引擎，以及500公斤（1102磅）的最大武器載重，到了Ju 87B-2則增加到1000公斤（2202磅）。

1941年底出現的Ju 87D是一款配備1410馬力Jumo 211J-1引擎，並為乘員增加裝甲防護的改良機型，首先在俄羅斯前線服役，並於次年出現在北非。D型系列值得注意的衍生型包括：Ju 87D-2，機身得到強化並配備了滑翔拖鉤；Ju 87D-3用於地面攻擊，具有增強的裝甲保護；Ju 87D-5是專用近距支援型，帶有可拋棄的起落架，撤除俯衝減速板；Ju 87D-7是由Ju 87D-3和Ju 87D-5改裝而成的夜間對地攻擊型，配置1500馬力的Jumo 211P引擎，機翼機槍替換成20公厘MG 151／20機砲；Ju 87D-8是Ju 87D-7的日間型，撤除了排氣管遮焰罩

Ju 87G「斯圖卡」

這架斯圖卡由西奧多‧諾德曼（Theodor Nordmann，1918～1945）少校駕駛，於1944年在蘇俄服勤作戰。Ju 87G配置兩門37公厘機砲，設計用於摧毀戰車和裝甲作戰車輛。

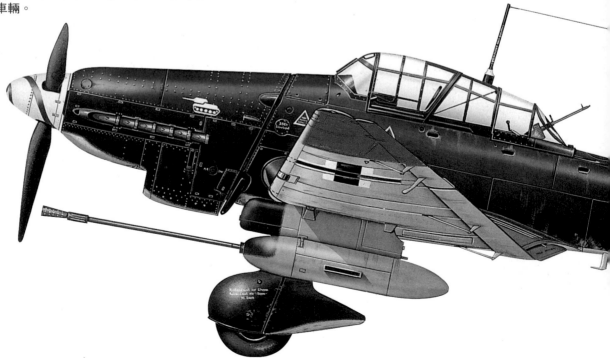

之類的夜飛設備。

最終型是由Ju 87D-5改裝的Ju 87G反戰車專用機型，每個機翼下方裝有一門37公厘機砲。Ju 87G取得了顯著的成功，特別是在東線戰場。毫無疑問，斯圖卡最偉大的王牌飛行員是漢斯-烏爾里希‧魯德爾（Hans-Ulrich Rudel，1916～1982），他個人擊沉了戰鬥艦、巡洋艦及驅逐艦各一艘，並擊毀了519輛戰車，戰果遠超過其他人。

Ju 87的總產量據稱為5709架，該機種還服役於保加利亞、匈牙利、義大利和羅馬尼亞。令人驚訝的是，這一令人印象深刻的生產總量大部分是在1940年之後完成的，當時Ju 87在沒有足夠戰鬥機掩護的情況下，其脆弱性已經得到證實。

Ju 87D-1規格

乘員：2	
機身長：11.5公尺	
翼展：13.8公尺	
滿載重量：6600公斤	
發動機：1具1410馬力的容克斯Jumo 211J-1十二缸V型活塞引擎	
最高速度：410公里/小時	
武裝：2挺前射7.92公厘MG 17機槍、1挺後射7.92公厘MG 15機槍；最高1800公斤（3960磅）的翼下載彈量	

地中海迷彩
這架Ju 87R-2塗有1942年北非戰役的標準沙漠迷彩塗裝。

防禦武裝
這架飛機在後座艙內裝有兩挺7.92公厘MG 81Z機槍，保護其免受戰鬥機自後方攻擊。

德哈維蘭蚊式機

D.H.98蚊式機（Mosquito）源於1938年德哈維蘭（de Havilland）公司的私人投資研發案，最初旨在作為無武裝轟炸機或偵察機運用——一種飛得又快又高而不需要防禦武裝的飛機。

D.H.98採用兩具勞斯萊斯梅林引擎作為動力裝置，並從一開始就選擇採用全木質機身結構設計，以保留戰略物資能另作他用。正因為德哈維蘭的設計如此先進，以致於直到第二次世界大戰爆發才得到英國空軍部的青睞。由於輕合金物資短缺的可能性愈發真實，全木造飛機這時成為產製傳統飛機的更有用替代品。

1939年12月，德哈維蘭開始細部設計工作，並於1940年3月收到了50架飛機的訂單。在這個階段，其他生產中的飛機仍然是明確的優先事項，所以蚊式Mk I原型機直到1940年11月25日才首飛。新型轟炸機立即展示了遠遠超過規格中要求的性能，包括近644公里/小時的「衝刺」速度。

蚊式B.Mk IV規格
乘員：2
機身長：13.57公尺
翼展：16.5公尺
滿載重量：10,200公斤
發動機：2具各1710馬力的勞斯萊斯梅林76V-12液冷直列活塞引擎
最高速度：655公里/小時
武裝：最大內部載彈量4×227公斤（500磅）炸彈

優先地位

在1941年2月開始正式測試後，蚊式機在當年7月被賦予優先生產地位。建造了三架原型機，最後一架是照相偵察（PR）機型，於1941年6月10日首飛，是第一種實戰服役的蚊式機。蚊式PR.Mk I於1941年9月20日在法國上空執行了首次任務。

接著服役的是1941年11月開始向皇家空軍第105中隊交付的轟炸機機型B.Mk IV。各型蚊式機乘員皆採並列雙座配置。

蚊式夜間戰鬥機

第二架原型機於1941年5月15日首飛，其構型設定為夜間戰鬥機。蚊式NF.Mk II夜間戰鬥機最初

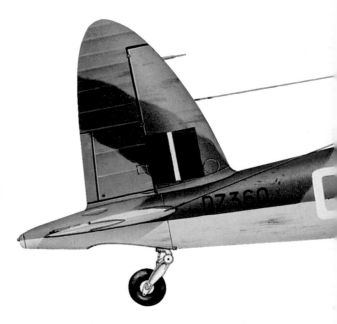

蚊式 **B.Mk IV**

第105中隊是第一個操作B.Mk IV的單位。該中隊對歐陸目標執行了多次日間攻擊任務。

木製機翼

與機身一樣，機翼也是木製結構。框架被黏合、固定並壓擠在一起，並用布料覆蓋。基於這個原因，敵人的砲火有時會穿過它們而不會造成太大傷害。

梅林引擎

蚊式機的梅林引擎不斷升級，以保持飛機性能領先競爭者及對手。

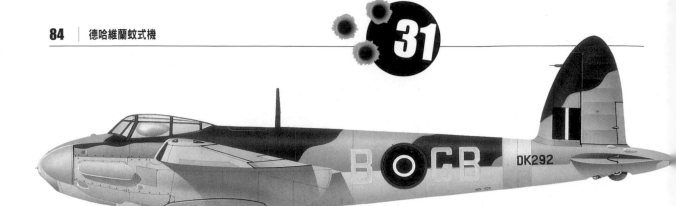

蚊式 B.Mk IV 系列2

B.Mk IV系列2是第一型在德國上空執行無人護航高速攻擊任務的蚊式機。它可以攜帶907公斤（2000磅）的內部載彈量。

蚊式 PR.Mk XVI

蚊式PR.Mk XVI是B.Mk XVI轟炸機的照相偵察機型。它是二戰後期英國皇家空軍的標準高空偵察機。

攜帶AI Mk IV雷達、機首四門20公厘機砲以及四挺7.7公厘機槍。首先配發第157中隊服役，該中隊於1942年4月27至28日夜間首次出擊。此後不久，該型機也裝備了第23中隊，這是自1942年12月後在地中海戰區馬爾他島盧加基地部署的第一個蚊式機單位。這些蚊式機不僅作為夜間戰鬥機部署，還執行晝、夜間突襲任務，並在1942年12月30至31日出動執行第一次夜間突襲作戰。

蚊式T.Mk III是一種用於轉換任務訓練的雙操縱系統教練機，共製造了343架。

蚊式機不僅在英國製造，也由澳洲和加拿大的德哈維蘭工廠製造，最終生產結束時共生產了7781架。建造最多的機型是蚊式FB.Mk VI，這是一種從F.Mk II戰鬥機機型發展而來的攻擊或戰鬥轟炸機；它配備內部和翼下炸彈，並從1944年開始搭載火箭彈。

戰後不久，許多蚊式機繼續在英國皇家空軍活躍服役。蚊式偵察機在中東和遠東地區被廣泛使

用，在1955年底，駐馬來亞的第81中隊是最後一個
使用此機的單位。

轟炸機機型在1952～53年被英國電氣的坎培
拉式機所取代，其中一些仍保留用於訓練任務，另
一些則轉為公眾展示或拖靶機任務。在後一種任務
中，一些蚊式機直到1961年仍在服役。

至於戰鬥機機型則是在1950年代初期除役，它
們的任務被新一代噴射戰鬥機所取代。

*憑藉其加壓駕駛艙，蚊式B.Mk
XVI可以在12,192公尺的高度飛
行。這架飛機隸屬第571中隊，
該中隊於1944年4月在唐漢姆市
場（Downham Market）組建，
作為第8（Pathfinder，探路機）
聯隊的輕型轟炸機單位。*

團結卡特利納飛艇

作為二戰中成就非凡的飛艇，暱稱「貓」（Cat）的卡特利納（Catalina）飛艇從1933年首次為美國海軍訂購以來就很引人矚目。它在整個二戰期間取得了巨大的成功，並成為航空史上建造最廣泛的飛艇。

相較於其他傘式單翼飛艇，卡特利納表現更為出色，由艾薩克・拉登（Isaac Laddon，1894～1976）的團結飛機公司PBY設計而成，配置一對825馬力的普惠R-1830-58星型引擎，於1935年3月28日首飛。其外觀最顯著的特徵在於主翼穩定浮舟，在起飛後可收回整合成翼尖。旋即便接獲生產訂單，1936年10月使用900馬力R-1830-64引擎的PBY-1於美國海軍VP-11F巡邏中隊開始服役。

1937年，改良型PBY-2加入美國海軍，隨後是PBY-3。雖然PBY-2僅對設備進行了小幅改動，但1936年11月訂購的PBY-3改裝了1000馬力的R-1830-66引擎。

PBY-4出現於1938年，裝置一對1050馬力的R-1830-72雙黃蜂（Twin Wasp）引擎。其特點是機身中部的大型「護罩」（blister）自衛機槍槍座，並成為日後名為卡特利納（團結公司稱其為第28號機型）的一個眾所周知的機體特徵。

第二次世界大戰爆發帶來了來自英國、澳洲、加拿大和荷屬東印度群島的新機型PBY-5訂單，該型機配備1200馬力的R-1830-82或-92星型引擎和更大的燃料容量。到美國參戰之日，美國海軍已擁有16個PBY-5、三個PBY-3和兩個PBY-4中隊。

團結飛機公司於1939年11月首次試飛XPBY-5A。這是由PBY-4改裝而成的
前三點式起落架機型,也是第一個水陸兩棲改版。

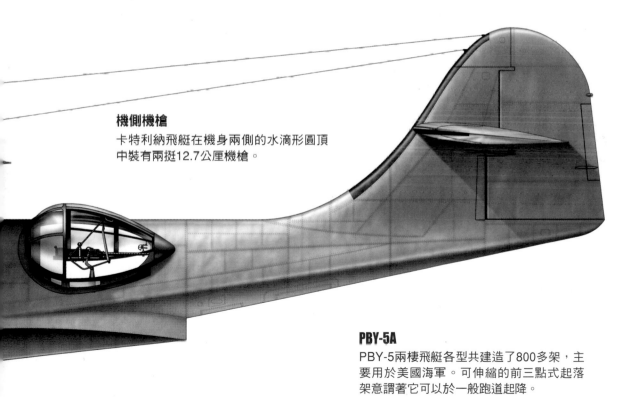

機側機槍
卡特利納飛艇在機身兩側的水滴形圓頂
中裝有兩挺12.7公厘機槍。

PBY-5A
PBY-5兩棲飛艇各型共建造了800多架,主
要用於美國海軍。可伸縮的前三點式起落
架意謂著它可以於一般跑道起降。

兩棲開發

　　在對最後一架PBY-4中的前三點可收式起落架進行測試後,最後33架美國海軍PBY-5以這種兩棲型式製造完成,761架PBY-5A飛機亦同。

　　繼1941年英國皇家空軍海岸司令部早期成功將PBY-5作為卡特利納Mk I使用之後,美國海軍繼續開出大量訂單,並由加拿大維克斯和加拿大波音廠承擔了額外的生產工作。最終有總共500多架飛機在英國皇家空軍服役,而在加拿大服役的PBY-5則被稱為坎索式(Canso)。

　　PBY系列的廣泛使用顯示機體將受益於流體動力改進,於是海軍飛機製造廠(Naval Aircraft Factory, NAF)為實現該目標,展開了必要的研發工作,並收到名為PBN-1游牧人式機(Nomad)的改裝飛機訂單。它具有更高的垂直尾翼和方向舵,生產156架中的138架供應給了蘇聯。

PBY-6A

　　當最終生產型的235架PBY-6A由團結飛機公司在1944年4月至1945年4月之間製造時,海軍飛機製造廠的改良項目也納入其中。其駕駛艙上方安裝了搜索雷達,其中112架交付給美國海軍,75架交付給美國陸軍航空隊(被編為OA-10B),48架交付給蘇聯。

　　此款經典飛艇的生產於1945年4月結束,總共生產了包括團結公司的2398架,海軍飛機製造廠和加拿大製造商的892架,以及蘇聯製未知數量的GST(俄製機型名稱)。蘇聯生產的飛機由900～1000馬力的米庫林(Mikulin)M-62星型引擎提供動力,這是獲得授權生產的萊特R-1820颶風引擎M-25的改良型。

　　卡特利納飛艇令人難忘的成就包括參加德國俾斯麥號(Bismarck)戰鬥艦的圍獵行動,使英國皇家海軍得以成功擊沉俾斯麥號,以及在太平洋地區許多海戰的早期階段發現日本艦隊蹤跡。

PBY-5A規格

乘員	8
機身長	19.47公尺
翼展	31.7公尺
滿載重量	16,066公斤
發動機	2具各1200馬力的普惠R1830-92雙黃蜂星型活塞引擎
最高速度	288公里/小時
武裝	機首2挺7.62公厘機槍、機體後側1挺7.62公厘機槍、機側位置2挺12.7公厘機槍;最高攜載1814公斤(4000磅)的炸彈或深水炸彈

機首艙間

為一名擔任觀察員的機組人員提供空間,其下方的面板也可作為轟炸瞄準窗口。

OA-10A 卡特利納飛艇

這架OA-10於1947年在美國空軍空中救援勤務隊服役。它在第二次世界大戰期間由加拿大維克斯廠製造,同時也是1944年初在美國海軍的多個前線服役,並一直服役至1954年的衍生型之一。

駕駛艙

飛行員和副駕駛並排坐在駕駛艙內,並配備了機頂逃生艙口以備緊急情況使用。

433924

F4U 海盜式戰鬥機

F4U在二戰中引入服役時遇到了麻煩,但到大戰結束時,它已可躋身戰爭中最佳單座戰鬥機之列。在隨後的韓戰中,它仍是一種稱職的對地攻擊機和夜間戰鬥機。

沃特(Vought)公司於1938年開始開發海盜式(Corsair)戰鬥機,以回應美國海軍在其航空母艦作業的新型單座戰鬥機需求。設計團隊採用的方式是,在盡可能小的機身上裝置當時所能提供的最強大引擎——普惠XR-2800雙黃蜂引擎。該戰鬥機在公司名為V-166B的機型計劃下進行開發,其特點是不尋常的倒置「鷗翼」(gull wing)配置,這是為了設置適當長度起落架的結果。起落架必須夠長,好為大直徑螺旋槳提供足夠的離地間隙。但長起落

太平洋戰爭空戰王牌

美國海軍的太平洋空戰王牌艾拉·凱普福德(Ira C. 'Ike' Kepford,1919～1987)中尉,在1944年初駕駛的這架F4U-1A也許是戰時最著名的海盜式機,帶有凱普福德的16個擊墜日機太陽旗標記。

海盜式機服役長壽的關鍵可能在於其卓越的空戰能力、高速性能、吸收戰損的能力和強固的機翼——這些都有助於成為世界一流的戰機。

海盜式機結構

除了可折疊存放在航艦機庫的高度彎曲機翼，該戰鬥機還使用了廣泛的傳統全金屬結構機身。FG-1機型的不同之處在於使用固定式而非可折疊的機翼。

F4U-1規格

乘員：1	
機身長：10.17公尺	
翼展：12.5公尺	
飛機空重：4074公斤	
發動機：1具普惠R-2800-8星型引擎	
最高速度：高度6066公尺時671公里/小時	
武裝：主翼6挺12.7公厘機槍	

架占用機體空間，又不易在航艦甲板上操作，所以解決方案是將主輪裝置定位在反曲機翼距地最近點，這樣可以減少起落架長度，又能保持足夠的螺旋槳距地間隙。

　　在1938年6月下訂後，第一架XF4U-1原型機於1940年5月29日首飛。然而，根據二戰第一年的戰鬥經驗，很快就決定原本計劃配置的武裝需要升級。美國海軍直到1941年2月才接收了原型機，然後於1941年6月訂購了585架F4U-1初始量產型飛機。在1942年6月量產型飛機首次試飛後，第一批F4U-1於次月移交給美國海軍。

1944年3月，紐西蘭皇家空軍透過租借接收了第一架海盜式機。首次交付後，紐西蘭開始組裝自己的飛機，到1945年該國停止建造海盜式機時，紐西蘭皇家空軍已經獲得了424架海盜式機。

最初的艦載測試揭露了海盜式機的一系列問題，且判定該機不適用於航艦操作。為了因應，沃特公司進行了多項「修正」，包括改進起落架和升高駕駛艙，讓飛行員有更好的視野。在建造了688架F4U-1之後，隨後的飛機也進行了上述修改並名為F4U-1A。

蓋伊・博德隆

這架韓戰時期的F4U-5N名為「安妮・莫」（Annie Mo），由第3夜間戰鬥機混合中隊（VC-3）的蓋伊・博德隆（Guy Pierre Bordelon Jr.，1922～2002）中尉駕駛，他在1953年年中被派駐平澤K-6空軍基地，無負他的綽號「幸運皮耶」（Lucky Pierre）。博德隆的任務是獵殺夜間活動的「查床查理」（Bedcheck Charlie）敵軍空中襲擊者，他成為戰爭中唯一的非軍刀機空戰王牌，擊落了四架雅克機和一架拉沃奇金機（Lavochkin）。

傑西・福爾瑪（右下）

駕駛一架固特異廠製造的FG-1D（F4U-4），海軍陸戰隊第312攻擊中隊的飛行員傑西・福爾瑪（Jesse Folmar，1920～2004）上尉在1952年9月聲稱唯一一次海盜式機對米格機的擊殺。在米格-15的攻擊下，福爾瑪用他機上的20公厘機砲擊落一架米格-15，但隨即被敵僚機擊落，跳海獲救。

戰鬥

　　海盜式機開始進入陸基部隊作戰，1943年2月在瓜達康納爾島的美國海軍陸戰隊VMF-124開始使用海盜式機，1943年4月美國海軍VF-17中隊成軍。其他戰時使用者是英國皇家海軍和紐西蘭皇家空軍，起初操作機型是海盜Mk I（F4U-1）和海盜Mk II（F4U-1A）。

　　後續機型包括英軍使用的F4U-1B，以及將原有標準六挺機槍武裝改為四門20公厘機砲的F4U-1C。F4U1-D（也稱為F3A-1D和FG-1D，在英國分別稱為海盜Mk III及海盜Mk IV）配備了加裝甲醇／水混合液噴注加力裝置的R-2800-8W引擎和改進武器，而F4U-1P是一種照相偵察機機型。下一個主要發展機型是F4U-2夜間戰鬥機，改裝包括加裝雷達及減裝武器。在數量上更重要的機型是F4U-4，其顯著區別在於配裝R-2800-18W或-42W引擎，衍生型是配備機砲武裝的F4U-4C、F4U-4E和F4U-4N

夜間戰鬥機，以及F4U-4P照相偵察機。戰後海盜式繼續發展配備R-2800-32W引擎的F4U-5戰鬥轟炸機，及其夜間戰鬥機F4U-5N、偵察機F4U-5P。XF4U-6低空戰鬥攻擊原型機配備了R-2800-83W引擎、額外的裝甲保護和增強的武器攜帶能力，並以AU-1型號於海軍陸戰隊服役。最後一型是交付法國海軍使用的F4U-7，與AU-1類似，但配備R-2800-18W引擎。

　　海盜式各機型生產線除了由沃特公司負責以外，還包括布魯斯特（Brewster）公司製造的F3A-1和固特異（Goodyear）公司製造的FG-1。到了1952年，這三家製造商共生產了12,571架該系列戰鬥機。

　　美國海軍的海盜式機在太平洋對日軍的戰鬥中共取得了2140場勝利，自身只損失了189架，且該型機在韓戰期間仍持續進行空戰獵殺。

F-15 鷹式戰鬥機

儘管年代久遠，F-15仍然是美國空軍首屆一指的空優戰鬥機，其105:0的獵殺率是同代戰機無法比擬的。除了在美國和以色列手中進行了廣泛的戰鬥外，F-15還取得了顯著的出口成功，而且先進鷹（Advanced Eagle）機型仍在持續銷售。

1965年4月，由於美國空軍戰鬥機在越南空戰表現不佳，空軍啟動了戰鬥機實驗（Fighter Experimental, FX）計劃。對新型空優戰鬥機的需求如此緊迫，麥道（McDonnell Douglas）公司立刻在無競爭設計情況下受命開發新飛機。

首架F-15A原型機於1972年6月在聖路易建造完成，並於1972年7月27日空運到加州愛德華空軍基地進行首飛。在完成了10架單座F-15A發展機、兩架雙座TF-15A發展機和10架II類發展機之後，鷹式戰鬥機在亞利桑那州路克空軍基地的第58戰術訓練聯隊開始服役，該聯隊於1974年11月接收了第一架F-15A。

最終總共建造了355架F-15A，以及57架具有完全任務能力的雙座F-15B教練機。鷹式機的作戰單位服役生涯始於1976年1月交付第一架F-15A給維吉尼亞州蘭利空軍基地的第一戰術戰鬥機聯隊。

編制名稱

一開始，這架鷹式機所屬的單位是戰術空軍司令部的第58戰術戰鬥機聯隊。隨著1990年代美國空軍重組，它後來成為空中作戰司令部第33戰鬥機聯隊第58戰鬥機中隊。截至2017年，第58戰鬥機中隊配屬F-35閃電（Lightning）II式的聯合進階飛行暨維修訓練聯隊。

引擎間距

為了最大限度地減少不對稱處理問題，引擎被緊接安裝在一起。為防止一具引擎損壞導致相互損壞另一具引擎，兩者由鈦製龍骨分隔開來。

F-15E規格

乘員：	2
機身長：	19.43公尺
翼展：	13.05公尺
飛機空重：	14,379公斤
發動機：	2具普惠F100-PW-220渦輪扇引擎
最高速度：	高空時2655公里/小時以上
武裝：	1門20公厘M61A1機砲和最多11,000公斤軍械

米格殺手

從1990年代初期機身的擊墜標記可以看出，這架飛機在1991年波灣戰爭期間的第58戰術戰鬥機中隊16次擊墜紀錄中占了四架。立下戰功的飛行員包括里克·帕森斯（Rick Parsons）上校、大衛·羅斯（David G. Rose）上尉和安東尼·墨菲（Anthony R. Murphy）上尉。

接著是1979年2月26日首飛的F-15C及搭配的雙座F-15D，F-15C／D配備改良的APG-63雷達，並在進氣口兩側提供了適型油箱（conformal fuel tank, CFT）設置。1979年9月，最初的F-15C交付給沖繩嘉手納空軍基地第18戰術戰鬥機聯隊服役。

F-15A／B被以色列採購，而F-15C／D則是供應給以色列、日本和沙烏地阿拉伯。日本的F-15由三菱重工授權製造，分別為F-15J（單座）和F-15DJ，首批交機的F-15J前兩架是在美國製造，隨後還有八架是由三菱組裝而成。麥道公司還製造了第一批12架F-15DJ，之後生產工作全部轉至日本，三菱重工在日本組裝製造了163架F-15J和36架F-15DJ，使其持有飛機總數達到213架。

在1990年代，美國空軍透過雄心勃勃的多階段改良計劃（Multi-Stage Improvement Program, MSIP），改進了服役中的F-15A至D型，供其使

額外的燃料

儘管F-15C在外部與之前的F-15A
相似，但其內部空間可以額外增
加907公斤的燃料，而F-15C／D
是第一種能夠攜帶適型油箱的作
戰機型。

新雷達

從1989年起，F-15C／D安裝了AN／
APG-70雷達（經過大量修改的APG-
63）。使用相同的天線，APG-70擁有
比APG-63快近五倍的新訊號處理器系
統，具備更大的戰情處理量。

用更先進的APG-70雷達、新型航空電子裝備和數位中央電腦，取代了原來的AN／APG-63雷達。最近，仍在役的美國空軍F-15C進行了「金鷹」（Golden Eagle）升級，為這些飛機提供了新的AN／APG-63（V）3主動電子掃描相位陣列（active electronically scanned array, AESA）雷達和新的被動目標獲得能力。截至2017年初，只有三個現役美國空軍中隊仍在使用此型F-15C，主要用戶是空軍國民警衛隊。

1998年12月，在伊拉克北部禁航區的例行巡邏期間，一架由北方觀察行動聯合指揮官大衛・德普圖拉（David A. Deptula）准將駕駛的美國空軍F-15C。

打擊鷹式機

　　F-15E打擊鷹式機（Strike Eagle）在1970年代後期開發，以取代美國空軍執行精確打擊任務的F-111F。於1984年F-15C／D生產結束時，正式

推出的F-15E藉由「低空導航暨夜間紅外線目標獲得」（Low-Altitude Navigation and Targeting Infrared for Night, LANTIRN）系統所增加的地貌迴避／追沿雷達及前視紅外線目標獲得能力之尖端打擊科技，並結合其防空戰鬥機基本屬性，從而具備了全天候作戰能力。

　　1982年改裝了一架雙座TF-15A展開了打擊鷹的測試，首架F-15E於1986年12月11日試飛。美國空軍採購了236架F-15E，全部於1994年7月交付。美國空軍打擊鷹的航電設備也在持續升級，其中最重要項目是當前正在實施的雷達現代化計劃（Radar Modernization Program, RMP），以引入AN／APG-82（V）1 AESA雷達。

　　打擊鷹已經成為一系列先進、多任務出口F-15機種的基礎，始於1995年9月交付給沙烏地阿拉伯的F-15S。以色列訂購了25架類似的衍生型，命名為F-15I Ra'am（雷霆）。

　　F-15K猛擊鷹（Slam Eagle）是一種高度先進的打擊鷹衍生型，旨在滿足韓國的需求。緊隨其後的是由波音公司生產供沙烏地阿拉伯使用的F-15SA（沙烏地先進型）以及為早期F-15S機群進行的本地升級。新加坡接收了F-15SG，而最新的出口客戶是卡達，它簽約採購F-15QA機型，類似於沙烏地先進型。卡達長期訂購最多36架F-15的要求於2016年9月獲得批准，這些可能是迄今為止最具能力的鷹式戰機。

A6M 零式戰鬥機

儘管在太平洋戰爭中途開始有其他競爭對手超越其性能，但很少有戰鬥機在戰爭的頭幾年就產生像它這樣巨大的影響。日本帝國海軍的**A6M零式戰鬥機**從航艦和陸上基地起飛，在對中國的侵略以及日本在第二次世界大戰取得的初步勝利中掃除了所有反抗者。

盟軍代號「Zeke」的三菱A6M，其眾所皆知的習稱——零戰——源自其官方海軍名稱零式艦載戰鬥機。零戰可說是二戰中最著名的日本單座戰鬥機，在服役初期是世界上同類飛機中性能最強的飛機之一。

最初的設計是為了滿足日本帝國海軍要求取代三菱A5M（96式）的艦載戰鬥機規格需求，而新設計是一種懸臂式低單翼飛機。在最初生產的A6M1型（12式），由780馬力的三菱MK2瑞星（Zuisei）一三型星型引擎提供動力，並於1939年4月1日完成了首飛，儘管新型戰鬥機立即展現出驚人的敏捷性和總體上出色的性能，但其最大速度與海軍要求的性能規格還有一段距離。

引進925馬力的中島NK1C榮（Sakae）一二型引擎旨在解決A6M1的缺陷，發展出A6M2a零戰一一型，其原型機於1940年1月18日首次試飛。日本帝國海軍立即決定採購，並於1940年7月簽訂15架試製機在中國進行戰鬥評估的合約。

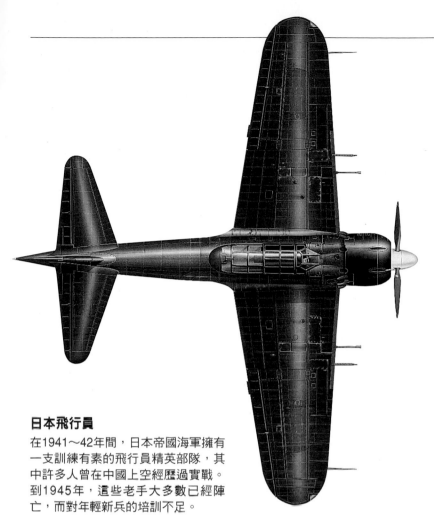

A6M5c

外觀與標準A6M5相似，A6M5c的特點是改進了武器，在機翼機砲外側安裝了兩挺13.2公厘機槍。僅製造了93架A6M5c。

裝甲

在整個太平洋戰爭中，零戰的一個主要缺點是防彈裝甲不足。A6M5試圖藉由加裝自封油箱和改進飛行員裝甲保護來解決這個問題。

日本飛行員

在1941～42年間，日本帝國海軍擁有一支訓練有素的飛行員精英部隊，其中許多人曾在中國上空經歷過實戰。到1945年，這些老手大多數已經陣亡，而對年輕新兵的培訓不足。

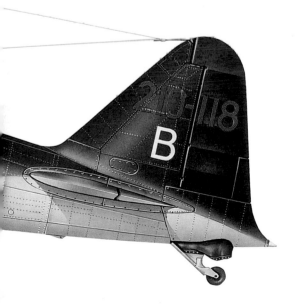

大多數現存可飛行零戰的引擎都更換為類似的美製引擎。只有美國名機博物館的A6M5擁有原始的中島引擎。圖中是1990年代由邦聯空軍〔Confederate，現為紀念空軍（Commemorative Air Force）〕保有，配備了普惠R-1830引擎的A6M2b。

隨著A6M2開始進入單位服役，它逐漸取代了日本帝國海軍之前的單座戰鬥機——即超靈活的三菱A5M艦載戰鬥機。後者一直服役到戰爭初期，這一點可從太平洋戰爭開始時在機場上的零戰和96式艦戰排列景象中得到證明。

1940年7月下旬，日本帝國海軍零式艦載戰鬥機一一型（A6M2a）開始量產。衍生型包括具有手動折疊翼尖的A6M2b零戰二一型和雙座的A6M2-K零式練習用戰鬥機。零戰的水上飛機型由中島飛機株式會社製造（共327架飛機），編號為A6M2-N（二式水戰）。

修正機型

中島NK1F榮二一型引擎的新動力裝置催生了A6M3a零戰三二型，特點是機翼為方形翼端而非以前可往上折疊的圓弧翼端，但在A6M3零戰二二型又改回A6M2b的長翼展弧形翼端主翼了。

主要量產機型是1943年投入使用的A6M5零戰五二型，旨在應對在太平洋戰區迅速改良性能的盟軍新型戰鬥機。衍生型包括A6M5a零戰五二型甲、A6M5b零戰五二型乙和A6M5c零戰五二型丙，它

二戰後期零戰

A6M2是首款量產的零戰機型，該機採用二戰後期迷彩——上機身為深綠色，下側為灰色。它隸屬於1944年駐菲律賓克拉克機場的第341海軍航空隊第402中隊。

A6M2 衍生型

A6M2b配置兩門機翼安裝的20公厘機砲和兩挺機頭安裝的7.7公厘機槍，配備了950馬力的中島榮一二型星型引擎。正是此型機為日本海軍護送了偷襲珍珠港的部隊，並享有對馬來亞、菲律賓和緬甸的空中優勢。

們具有不同的武裝配置，以及A6M5-S零式夜間戰鬥機（零式夜戰），它配備了傾斜安裝在後機身上的20公厘機砲。零戰五二型系列還開發了雙座的A6M5-K零式練習用戰鬥機二二型。雖然A6M5基本上已經耗盡了零式戰鬥機的發展潛力，但到了1944年底日本面臨絕望戰局，進而導致A6M6零戰五三型的推出——由A6M5c換裝新引擎製成。該型機的第一個量產型是A6M6c零戰五三型丙，隨後是雙用途A6M7零戰六三型戰鬥轟炸機，特點是機身下方有一個掛架可掛載一枚250公斤（551磅）的炸彈，且該型機於1945年中期投入生產。

零戰最終型是進入飛行測試階段的A6M8零

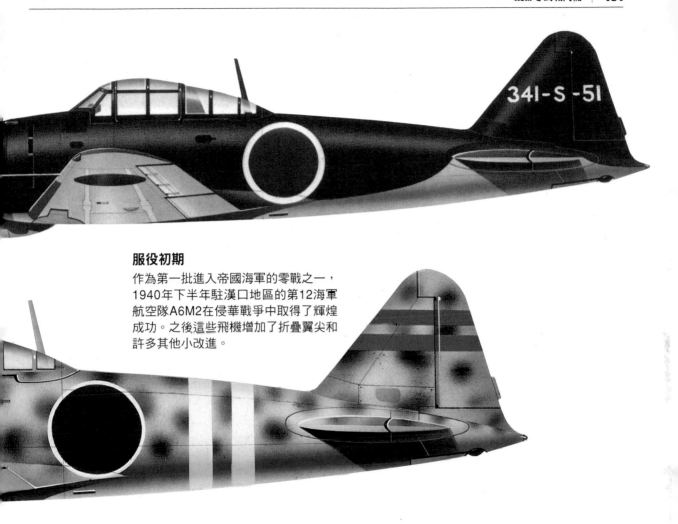

服役初期

作為第一批進入帝國海軍的零戰之一，1940年下半年駐漢口地區的第12海軍航空隊A6M2在侵華戰爭中取得了輝煌成功。之後這些飛機增加了折疊翼尖和許多其他小改進。

A6M5規格

乘員：1

機身長：9.12公尺

翼展：11公尺

飛機空重：1876公斤

發動機：1具中島NK2F榮二一型星型引擎

最高速度：高度6000公尺時565公里/小時

武裝：機首1挺7.7公厘機槍及1挺13.2公厘機槍、主翼2門20公厘機砲，外加2×30公斤（55磅）炸彈

戰六四型，其兩架原型機採用了1500馬力的三菱MK8K金星六二型引擎，但卻來不及在戰爭結束前量產。零式戰鬥機展示了它在日本戰爭中對付任何相遇對手的優勢，在1941年和1942年初的太平洋戰爭開始階段陸續成功。然而，1942年6月的中途島海戰被證明是戰爭和零戰命運的轉折點。從此盟軍戰鬥機越來越占上風，零戰再也無法享有絕大空中優勢。由於沒有足夠數量合適的替代戰鬥機，零戰一直服役到戰爭結束，包括執行神風特攻任務。大約10,450架零戰由三菱和中島廠製造，而515架A6M2-K和A6M5-K是由日立和大村第21海軍航空廠製造。

B-17 飛行堡壘

作為二戰期間美國陸軍航空隊服役的經典四引擎重型轟炸機，波音B-17是針對德國工業和軍事目標的戰略日間轟炸活動支柱。儘管B-24製造數量更多，但最終B-17投下的炸彈比二戰中的任何其他美國軍機都多。

波音299型設計是為了滿足美國陸軍航空兵團1934年5月的一項規格需求：一種可以比當時其他的轟炸機飛得更高，並攜帶更重型防禦武器的先進日間飛行戰略轟炸機。新轟炸機需要以322至402公里/小時的速度攜帶907公斤（2000磅）的炸彈，飛行1640至3540公里的距離。

四引擎299型飛行堡壘於1935年7月28日首次亮相，由750馬力的普惠R-1680-E大黃蜂星型引擎提供動力。幾週後，B-17飛行堡壘原型機在進行正式測試時飛行了3380公里到俄亥俄州萊特機場，展示了其潛力，這段旅程以406公里/小時的平均飛行速度完成。原型機展示了飛機的基本配置：懸臂低單翼機、圓形截面機身和寬敞的彈艙、固定式尾輪以及包括五挺7.62公釐機槍的防禦武裝，在其後機型的發展過程中還會逐漸增加防禦火力。從1937年8月開始，共有12架YB-17（後來的Y1B-17）服役試驗飛機交付給美國陸軍航空兵團進行評估。與最初的原型機相比，Y1B-17由930馬力的萊特GR-1820-

「小淘氣小姐」

這架B-17G-35-VE，序號42-97880，曾於第91轟炸機大隊第324轟炸機中隊服役，並在駐防英國巴辛本（Bassingbourn）期間接受了安東尼·斯塔瑟（Anthony L. Starcer，1919～1986）下士塗繪的「小淘氣小姐」（Little Miss Mischief）機鼻藝術。

B-17G規格

乘員：9～10

機身長：22.66公尺

翼展：31.62公尺

飛機空重：16,391公斤

發動機：4具萊特R-1820-97星型引擎

最高速度：高度7620公尺時462公里/小時

武裝：機首下部、背部、機腹和機尾槍塔各有
2挺12.7公厘機槍，其他位置有5挺可追
瞄的12.7公厘機槍，外加最高7983公斤
（17,600磅）的炸彈

美國第8航空軍的龐大編隊，主要機種為波音B-17。
1942年到1945年期間遠征德國乃至於全歐陸，精確轟
炸個別工廠和其他目標，也在歷史上一些規模最大、
最血腥的空戰中削弱了德國空軍的戰鬥機兵力。

機身整建

在1944年10月15日的一次任務中被高射砲損壞
後，「小淘氣小姐」回到了巴辛本整修。飛機
相對完好的前機身與另一架B-17G「瓦拉魯‧馬
克2」（Wallaroo Mark II）的後機身拼裝修復，
後者之前曾在一次非戰鬥飛行中迫降受損。

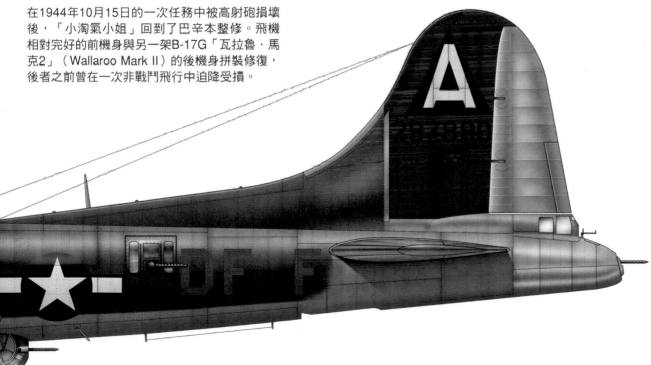

39星型引擎提供動力，並可搭載九名機組人員。

　　1940～41年緊隨評估發展機型之後，少量生產了B-17B和B-17C轟炸機，以及1941年的B-17D。後者吸收二戰初期得到的作戰教訓，增設了自封油箱及保護機組人員的額外防彈裝甲。

　　B-17E引入了所有後續B-17機型的特徵，加大垂直尾翼、機尾防衛機槍座，以及駕駛艙後部和中央機身下方的動力操作雙聯裝槍塔。總共生產了512架B-17E，它也是第8航空軍在歐洲戰鬥投入的首款美國陸軍航空隊重型轟炸機。

最終機型

　　在1942～43年期間，總共生產了3400架B-17F轟炸機，它們具有加大的一體成形透明機鼻罩。緊隨其後的是主要機型B-17G，為了回應改進機鼻武裝以對抗德國空軍正面攻擊的呼聲，而加裝了機首下方的雙聯裝「機頦」槍塔，波音、道格拉斯和洛克希德-維加（Lockheed-Vega）公司共生產了8680架B-17G飛機。為了增加該型的操作升限，後來生產飛機配備了改良的渦輪增壓器。

　　戰爭期間，飛行堡壘主要部署在歐洲，而遠東地區的部署數量較少。此型轟炸機以大型編隊進行了許多史詩般的空襲，在遭遇敵方戰鬥機攔截時，以其所配備的重機槍提供相互保護，在希特勒第三帝國上空進行猛烈轟炸。最終，巨大的損失迫使美國人引進了護航戰鬥機——P-38、P-47和P-51。

　　一項臨時的權宜之計涉及使用少量改裝自B-17的YB-40「護航」飛機，其中一些護航機可攜帶多達30挺機槍。

　　也有少量飛行堡壘（B-17C、F和G型）服役於英國皇家空軍轟炸機司令部和海岸司令部。

　　B-17各機型共生產了近13,000架，但二戰結束後美國空軍只剩下幾百架B-17G，而且這些飛機很快就被廢棄了。

B-17D飛行堡壘
B-17D包括額外的裝甲保護。僅製造了42架。

「噓噓噓寶貝」（Shoo Shoo Shoo Baby）是一架
B-17G，是保存最完好的飛行堡壘之一。這架飛機在被
瑞典拘留前隸屬第91轟炸機大隊，並從英格蘭執行了
24次戰鬥任務。後來它被俄亥俄州的美國空軍國家博
物館修復。

🇬🇧 獵鷹式戰鬥機

作為冷戰期間唯一真正成功的垂直起降（vertical take-off and landing, VTOL）戰鬥機，英國設計的獵鷹式（Harrier）戰鬥機開發了陸基和艦載機型。它被美國海軍陸戰隊採用，激發了大幅改進的獵鷹II式的開發，其能力遠遠超過了對第一代獵鷹式機的想像。

獵鷹式戰鬥機的發展歷史可以追溯到1957年，霍克飛機（Hawker Aircraft）公司與布里斯托航空引擎公司達成協議，基於後者的BE-53渦輪噴射引擎開發一種戰術戰鬥機，為垂直起飛提供直接噴氣升力。引擎和獵鷹式機革命性概念的關鍵是旋轉前後左右成對的四個排氣噴嘴，以將推力從直接向後（水平飛行）引導到垂直向下（懸停飛行）。懸停和低速機動期間的機體穩定性由安裝在機頭、機尾和每個翼尖上的反應控制噴口提供。

六架霍克P.1127紅隼（Kestrel）原型機完成後，其中的第一架於1960年10月21日完成了首次懸停飛行。隨後是九架預量產型紅隼F（GA）.Mk 1

飛機，於1964年3月開始進行作戰評估。另外六架研製的飛機率先使用了著名的獵鷹式機之名，並開發出了用於對地攻擊和偵察機的單座獵鷹GR.Mk 1。它們於1969年4月開始在英國皇家空軍服役，不久之後就推出了獵鷹T.Mk 2教練機。這些初始機型由額定功率84.52千牛頓（8,619公斤）的飛馬（Pegasus）Mk 101渦輪扇噴射引擎提供動力。

獵鷹GR.Mk 3和T.Mk 4裝置了推力增加到95.64千牛頓（9,753公斤）的飛馬Mk 103引擎，並裝備了四個英國皇家空軍作戰中隊。雖然它們驗證了垂直起降飛機的操作概念，但在英國皇家空軍服役並取得成功的是1988年投入使用的獵鷹GR.Mk 5。美國海軍陸戰隊獵鷹式機的故事始於訂購在英國生產的麥道AV-8A和TAV-8A飛機，美國海軍陸戰隊有一個訓練和三個作戰中隊配備了該機型。第一代獵

福克蘭群島老兵

在福克蘭群島衝突後立即登場的這架海獵鷹FRS.Mk 1（X2457），其單色塗裝僅有圓形國籍標誌點綴，機首有幾個警告標誌和三個擊墜敵機標記：兩架匕首式（Daggers）和一架A-4天鷹式（Skyhawk）戰機。

適配武器

這架海獵鷹FRS.Mk 1配備一對AIM-9L響尾蛇飛彈，機身下方有兩具30公釐亞丁（Aden）機砲莢艙。全機深海灰色塗裝的海獵鷹式機被阿根廷人暱稱為「黑死病」（Muerte Negro）。

2005年，隸屬第162海軍陸戰隊中型直升機中隊（加強型）且配備雷達的美國海軍陸戰隊AV-8B獵鷹II式機，在前往中東途中的美國海軍兩棲攻擊艦上垂直起飛。

獵鷹GR.Mk 3規格

乘員：1

機身長：14.27公尺

翼展：7.7公尺

飛機空重：5579公斤

發動機：1具勞斯萊斯飛馬Mk 103渦輪扇引擎

最高速度：低空時1186公里/小時以上

武裝：主翼和機身掛架正常酬載2268公斤（5000磅），通常包括2具30公厘亞丁機砲莢艙、炸彈和／或火箭彈

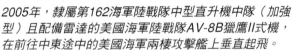

防海水鏽蝕

鹽水鏽蝕的危險導致英國皇家海軍的海獵鷹式機需要額外的保護，而其使用的勞斯萊斯飛馬Mk 104引擎與英國皇家空軍的Mk 103相似，也有類似的防鏽蝕塗層。

鷹式戰鬥機的其他操作國家只有西班牙〔AV-8S和TAV-8S鬥牛士式（Matador）〕和泰國，當西班牙的這些噴射機被獵鷹II式取代後，泰國購買了四架西班牙第一代獵鷹式機。

獵鷹II式開始作為麥道／英國航太公司的聯合計劃，旨在更遠的作戰半徑範圍內攜帶更大的武器負載。在1980年代初期被稱為「超級獵鷹」（Super Harrier），於1978年11月9日首飛，作為YAV-8B問世。它採用了新機翼、新的勞斯萊斯F402系列引擎和碳纖維機身結構。美國海軍陸戰隊於1983年接收了第一架AV-8B量產型機。TAV-8B是其雙座對應機型。

英國皇家空軍的獵鷹GR.Mk 5與AV-8B大致相似。美國海軍陸戰隊在其AV-8B上加入夜間攻擊能力後，英國皇家空軍透過升級為獵鷹GR.Mk 7以獲得同樣能力。第一架量產型GR.Mk 7於1990年5月交付，並輔以第二代教練機獵鷹T.Mk 10。英國皇家空軍的最後一次換代是獵鷹GR.Mk 9和T.Mk 12，它們都在2010年12月退役。

第205架出廠的AV-8B是改良型AV-8B獵鷹II式Plus的首架飛機，於1992年9月22日首飛，並配備了AN／APG-65雷達。截至2017年初，AV-8B仍在美國海軍陸戰隊大規模服役，而義大利和西班牙海軍則有少量服役。

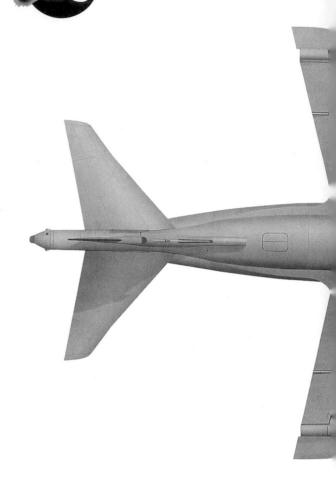

海獵鷹

英國航太為皇家海軍開發的海獵鷹式（Sea Harrier）戰鬥機是以獵鷹GR.Mk 3為基礎加裝雷達，供航空母艦搭載使用的機型。最初的海獵鷹FRS.Mk 1於1980年3月投入使用，並在福克蘭群島戰爭中成功執行戰鬥勤務。後來它升級為海獵鷹FA.Mk 2標準，配備藍雌狐（Blue Vixen）雷達，並具有發射AIM-120先進中程空對空飛彈的能力。這些飛機於2006年退出英國皇家海軍服役，當時它們在航艦甲板上的位置被獵鷹GR.Mk 7取代。第一代海獵鷹式機則是在印度服役直到2016年。

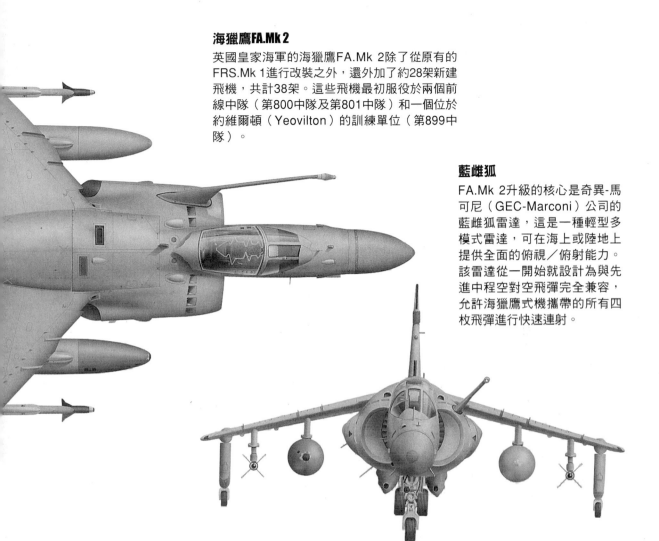

海獵鷹FA.Mk 2

英國皇家海軍的海獵鷹FA.Mk 2除了從原有的
FRS.Mk 1進行改裝之外，還外加了約28架新建
飛機，共計38架。這些飛機最初服役於兩個前
線中隊（第800中隊及第801中隊）和一個位於
約維爾頓（Yeovilton）的訓練單位（第899中
隊）。

藍雌狐

FA.Mk 2升級的核心是奇異-馬
可尼（GEC-Marconi）公司的
藍雌狐雷達，這是一種輕型多
模式雷達，可在海上或陸地上
提供全面的俯視／俯射能力。
該雷達從一開始就設計為與先
進中程空對空飛彈完全兼容，
允許海獵鷹式機攜帶的所有四
枚飛彈進行快速連射。

駕駛艙

雖然保留了FRS.Mk 1原有的
抬頭顯示器（head-up display,
HUD），但FA.Mk 2的駕駛艙
仍進行了相當程度的重新設
計，以包含兩個多功能顯示
幕。所有重要的操作輸入都是
通過「手置節流閥暨操縱桿」
（hands-on throttle and stick,
HOTAS）系統及前置控制器進
行的。

SE5a

SE5a（Scout Experimental 5a，尖兵實驗5a型）與機警靈活的索普威思駱駝式戰鬥機同時服役，所以至今較不為人知，但它是當時傑出的戰鬥偵察機之一，並且是包括威廉·畢曉普、詹姆斯·麥卡登（James McCudden，1895～1918）以及愛德華·曼諾克（Edward Mannock，1887～1918）在內的著名盟軍空戰王牌座機。

皇家飛機製造廠SE5a與同廠的SE5同時誕生。它於比其前身晚三個月的1917年6月投入使用。SE5a由在法茵堡皇家飛機廠（the Royal Aircraft Factory at Farnborough）工作的弗蘭德（H.P. Folland，1889～1954）於1916年設計而成。

SE5a是一款勻稱的單座偵察機，由於其半矩形機身截面而具有稜角分明的線條。機翼和尾翼為平行翼長，動力由200馬力的齒輪水冷式希斯潘諾-蘇莎（Hispano-Suiza）8引擎〔後來成為沃爾斯利毒蛇（Wolseley Viper）引擎〕提供。首次投入使用時，SE5a因匆忙製造減速齒輪而遇到引擎問題。持續的引擎故障意謂著生產被嚴重推遲。雖然英國皇家飛行隊第56中隊於1917年6月接收了第一架飛機，但到當年年底，儘管當時已完成了800多架SE5和SE5a飛機，仍然只有五個中隊配備此款飛機（第40、41、56及60中隊）。

愛德華·曼諾克
這架SE5a由戰績最高、獲得維多利亞十字勳章、傑出服務勳章及軍功十字勳章的英國飛行員愛德華·曼諾克上尉駕駛，隸屬第74中隊。曼諾克在戰死前擊落了超過70架（另有一說61架）敵機。

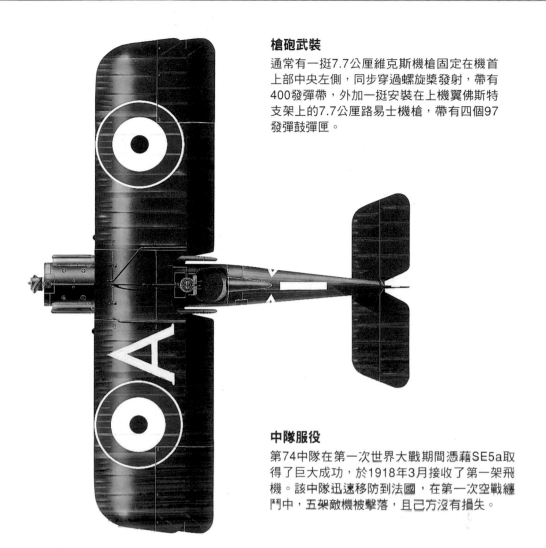

槍砲武裝

通常有一挺7.7公厘維克斯機槍固定在機首上部中央左側,同步穿過螺旋槳發射,帶有400發彈帶,外加一挺安裝在上機翼佛斯特支架上的7.7公厘路易士機槍,帶有四個97發彈鼓彈匣。

中隊服役

第74中隊在第一次世界大戰期間憑藉SE5a取得了巨大成功,於1918年3月接收了第一架飛機。該中隊迅速移防到法國,在第一次空戰纏鬥中,五架敵機被擊落,且己方沒有損失。

SE5a規格
乘員:1
機身長:6.38公尺
翼展:8.12公尺
飛機空重:696公斤
發動機:1具希斯潘諾-蘇莎8直列活塞引擎
最高速度:高度1980公尺時212公里/小時
武裝:1挺穿過螺旋槳射擊的固定7.7公厘機槍、1挺可追瞄的7.7公厘機槍

與當時的其他戰鬥偵察機相比，SE5a武裝略顯不足，只有一挺維克斯同步機槍和安裝在上機翼佛斯特（Foster）支架上的一挺相同口徑路易士機槍。然而，由於其最高時速在203至212公里/小時之間，彌補了SE5a在武器裝備上的輕微不足。SE5a的其他優點包括其設計者努力確保它易於飛行，以回應戰時飛行員在被派往作戰部隊之前只受過很少飛行訓練的事實。

製造努力

除了法茵堡的皇家飛機製造廠之外，生產工作還發包給奧斯汀（Austin）、空中航行暨引擎公司（Air Navigation and Engineering Company）、馬丁西德（Martinsyde）、格雷厄姆-懷特（Grahame-White）、維克斯、懷特黑德（Whitehead）以及沃爾斯利等各分包商。戰後，艾伯哈特（Eberhart）鋼鐵廠又在美國組裝了一批飛機。

總共製造了約5000架SE5a飛機，其中大部分是在1918年期間製造的。SE5a戰鬥機配備了英國皇家飛行隊第1、24、29、32、40、41、56、60、64、74、84、85、92及94中隊，以及隨後成立的英國皇家空軍駐法國第111中隊和駐巴勒斯坦的第145中隊，駐馬其頓的第17、47及150中隊，以及駐美索不達米亞的第72中隊。SE5a還裝備了美國陸軍航空勤務隊的第25和第148航空中隊。

駕駛SE5和SE5a最著名的英國戰鬥偵察機飛行員，以麥卡登少校最具代表，他的57次空戰勝利中有50次是在第56中隊服役期間獲得。其他SE5或SE5a擁有的盟軍空戰王牌包括曼諾克、畢曉普、比徹姆-普羅克特（Beauchamp-Proctor，1894～1921）和阿爾伯特·鮑爾。其中最後一位更喜歡法國的紐波特機，但最終還是選擇駕駛SE5a並在其上陣亡。

與英國同時代的駱駝式機相比，SE5a享有靜態引擎提供的優勢，駱駝式機上旋轉式引擎的旋轉質量會產生嚴重的扭矩（torque）問題，只有具高超飛行技能的飛行員才能受益。雖然缺乏駱駝式機的機動性，但SE5a提供了固有的飛行穩定性，這也讓SE5a適於承擔地面支援任務。在戰爭的最後階段，這些飛機也被廣泛用於配備輕型炸彈的近接支援。

萊羅伊德

1918年春天，這架SE5a由駐紮在布雷沙丘機場的英國皇家飛行隊第40中隊的萊羅伊德（P.D. Learoyd）少尉駕駛。第40中隊於1916年在戈斯波特成立，隊伍成員包括曼諾克在內有20多名一戰空戰王牌。

漸次改良

SE5a持續地改進。到1917年底，前支柱呈錐形、更堅固的起落架成為制式配置，而其他修改包括在尾翼前緣增加支撐，並加強其後緣。

詹姆斯·麥卡登

這架飛機是詹姆斯·麥卡登少校在第56中隊服役時的座機。1916年9月6日，麥卡登駕駛著第29中隊的DH.2機取得了他57次擊墜敵機勝利中的第一次勝利。他在第一次世界大戰英國空戰王牌名單中排名第四。

機身塗裝英國皇家飛行隊第24中隊樣式，這是作為展示表演的眾多SE5a複製機之一，其中一些是為電影拍攝而製作的。這些複製機至少還有一架仍可以飛行，還能在英國老監獄長（Old Warden）機場看到與沙特爾沃思航空暨汽車博物館的收藏飛機一起飛行。

✠ 福克-伍爾夫 Fw 190

大多數飛行員認為福克-伍爾夫（Focke-Wulf）Fw 190優於德國空軍在二戰中的另一款主要單引擎戰鬥機Bf 109。Fw 190早在1937年就進入開發階段，但戰爭的現實意謂著它永遠不會完全取代其競爭對手梅塞施密特戰鬥機。儘管如此，「屠夫鳥」（Butcher Bird）在各種戰鬥任務中都有出色的表現。

Fw 190的開發始於1937年秋季，當時德國航空部與福克-伍爾夫簽訂了合約。首席設計師庫特·坦克（Kurt Tank，1898～1983）提交了兩項提案，一項由戴姆勒-賓士（Daimler-Benz）DB 601液冷倒V型引擎提供動力，另一項由全新BMW 139氣冷星型引擎提供動力。最後選擇了星型引擎配置，詳細設計工作於1938年夏天展開。

由此產生的Fw 190是輕合金應力蒙皮結構的懸臂低單翼飛機。第一架原型機Fw 190 V1於1939年5月完成，並於同年6月1日首飛。

繼續改進基本設計後的第二架原型機Fw 190

Fw 190D-9規格

乘員：1	
機身長：10.2公尺	
翼展：10.5公尺	
飛機空重：3490公斤	
發動機：1具容克斯Jumo 213A-1倒V型活塞引擎	
最高速度：高度6600公尺時685公里/小時	
武裝：2挺13公厘機槍、2門20公厘機砲，外加最多500公斤（1102磅）的外掛酬載。	

沃爾特·諾沃特尼（下）

沃爾特·諾沃特尼（Walter Nowotny，1920～1944）中尉的Fw 190A-4。諾沃特尼可能是最著名的Fw 190飛行員，他是第一個超過250架擊墜紀錄的飛行員，在他陣亡時（時任少校）達到了258架。其中大部分是隸屬第54戰鬥機聯隊駕駛「屠夫鳥」取得的。

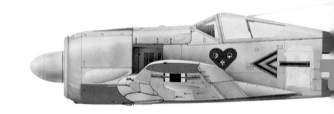

屬於德國空軍近距離空中支援第2聯隊（II.／SG 10）的兩架Fw 190F-2，垂直尾翼上有納粹德國國旗標幟，1943年冬季或1944年攝於羅馬尼亞上空，空著掛彈架返回基地。

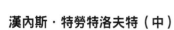

約瑟夫‧詹納溫（上）

這架約瑟夫‧詹納溫（Josef Jennewein，1919～1943）駕駛的Fw 190A-4展示了Fw 190在俄國前線所採用的數種迷彩塗裝之一，由綠色和棕褐色的破裂圖案組成。該機隸屬第51戰鬥機聯隊第3中隊，於1943年6月在俄羅斯奧廖爾地區作戰。

漢內斯‧特勞特洛夫特（中）

由漢內斯‧特勞特洛夫特（Hannes Trautloft，1912～1995）中校駕駛的Fw 190A-4，他是1942年12月駐紮克拉斯諾格瓦爾代斯克（Krasnogvardeisk）的第54「綠心」（Grunherz）戰鬥機聯隊的聯隊長。正是特勞特洛夫特引入了該聯隊著名的綠心符號。

駕駛艙

Fw 190的一體式向後滑動座艙罩以當時的
標準提供了絕佳的全方位視野。結合飛機
的性能和敏捷性，使得「屠夫鳥」成為一
個致命的對手。這裡展示的是首批生產的
Fw 190A-1，它於1941年底配屬駐法國北
部的第26戰鬥機聯隊第6中隊服役。

V2於1939年10月首飛，擁有兩挺13公厘和兩挺7.92
公厘機槍。甚至在第一架原型機首次飛行之前，就
決定用動力更強但較長且重的BMW 801星型引擎取
代BMW 139，反過來要求對機身進行重新設計。

　　第三和第四架原型機被放棄，配備新引擎的
Fw 190 V5於1940年初完成。隨後一批預量產的Fw
190A-0飛機於1941年2月交付給第190測試中隊進行
服役評估。同年8月，第一架飛機開始被位於法國
北部的德國空軍前線單位第26戰鬥機聯隊接收。

　　一投入服役，Fw 190很快就展示了其性能
優於當時在英國皇家空軍服役的超級馬林噴火式

（Supermarine Spitfires）戰鬥機。就這樣，Fw
190開始了它的服役生涯，其中包括生產近20,000
架飛機。Fw 190的許多後續機型不僅由福克-伍爾
夫完成，還由阿戈（Ago）、阿拉度（Arado）、
費瑟勒（Fieseler）和多尼爾（Dornier）等工廠生
產線完成。

　　Fw 190在對地面攻擊任務中取得了成功，為此
專門設計了新機型。作為Fw 190A-4的改良型，Fw
190F-1對地攻擊型於1943年初推出，其引擎和駕駛
艙提供了額外的裝甲保護，拆除了外側20公厘機
砲，並在機身下方增加了一個炸彈架。在德國的最

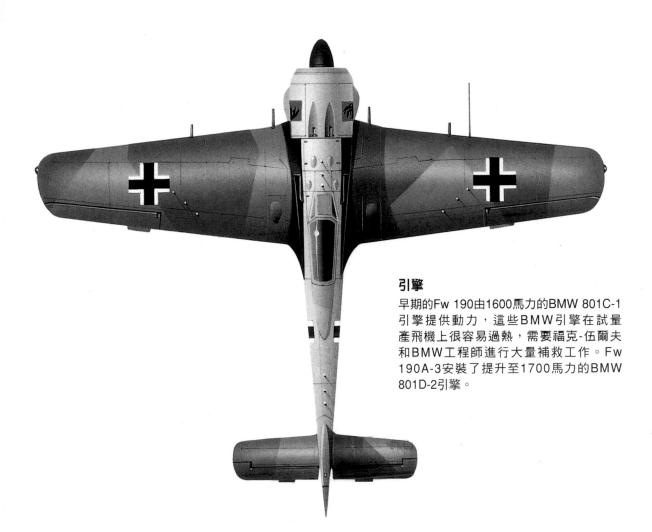

引擎

早期的Fw 190由1600馬力的BMW 801C-1
引擎提供動力，這些BMW引擎在試量
產飛機上很容易過熱，需要福克-伍爾夫
和BMW工程師進行大量補救工作。Fw
190A-3安裝了提升至1700馬力的BMW
801D-2引擎。

終生產系列是Fw 190G，包括Fw 190G-1戰鬥轟炸
機，它可以攜帶1800公斤（3968磅）炸彈並加強起
落架，機翼武裝減少為兩門20公厘機砲。

「長鼻朵拉」

1943年末，幾架Fw 190A-7經過改裝，搭載了
容克斯Jumo 213A倒V型液冷引擎，成為Fw 190D-
9。Fw 190D-9通常暱稱為「長鼻190」（long-nose
190）或「朵拉9」（Dora 9），在引擎上方裝備有
兩挺機槍，機翼上則是安裝兩門20公厘機砲，並且
配備有甲醇／水混合噴射供油裝置。

關鍵的「朵拉」衍生型包括：配備Jumo 213C
引擎，並以一門自螺旋槳轂發射的30公厘機砲取代
兩挺機槍的Fw 190D-10；裝置在引擎中軸的30公厘
機砲和機翼上的兩門20公厘機砲，加上引擎裝甲保
護的Fw 190D-12地面攻擊型。

Fw 190D機身經過進一步改良，以在高空提供
更好的性能。這促使了Ta 152的出現，它在戰爭的
最後幾個月服役，特別是作為德國空軍Me 262噴射
戰鬥機的護航機。

F-22 猛禽式戰鬥機

雖然它提早結束生產，但F-22A猛禽式機（Raptor）被公認是當今世界上最好的空中優勢戰鬥機。實戰證明，猛禽式機提供了無與倫比的低可偵測性（匿蹤性）、驚人的性能和敏捷性，以及一系列用於空對空和空對地任務的先進感測器和武器。

1981年，美國空軍啟動了先進戰術戰鬥機（Advanced Tactical Fighter, ATF）計劃，旨在開發新一代空中優勢戰鬥機來接替F-15。要求戰鬥機將低可偵測性（匿蹤性）與「超級巡航」（超音速巡航時無需使用後燃器的能力）相結合，具有擊敗蘇聯米格-29和蘇-27的高機動性、三重線傳飛行控制（fly-by-wire, FBW）系統，以及基於強大雷達的先進導航／攻擊系統。

1983年9月，向波音、通用動力（General Dynamics）、格魯曼（Grumman）、麥道、諾斯羅普（Northrop）和洛克威爾（Rockwell）公司發出了概念定義合約。隨後在1985年9月徵求建議書，並於次年10月宣布洛克希德和諾斯羅普已被選中進入該計劃的展示和驗證階段。

兩家公司的原型機（YF-22和YF-23）於1990年底完成了首次飛行，而最終YF22被選為兩者中較優者。工程和製造開發（Engineering and manufacturing development, EMD）工作始於1991年，當時與洛克希德／波音（機身）以及普惠（引擎）簽訂了開發合約。EMD包括廣泛的子系統和系

雷達

F-22的AN／APG-77雷達有一個主動電子掃描相位陣列天線，具有遠距離和高分辨率，可以及早發現敵方戰鬥機。它可以提供關於多種威脅的詳細資料，使飛行員能夠快速應對各目標。

F-22規格

乘員：	1
機身長：	18.9公尺
翼展：	13.6公尺
最大起飛重量：	38,000公斤
發動機：	2具普惠F119-PW-100渦輪扇引擎
最高速度：	約2馬赫
武裝：	1門20公厘M61A2機砲、2枚AIM-9響尾蛇空對空飛彈、6枚AIM-120先進中程空對空飛彈

維吉尼亞州蘭利空軍基地，第27戰鬥機中隊的一名飛行員正在為他的F-22做飛行準備。猛禽式機將感測器能力、整合航電設備、狀況覺知及武器相結合，提供了對抗威脅的第一擊機會，並確保了其作為最有能力現役戰鬥機的地位。

統測試，以及在加州愛德華空軍基地對九架飛機進行的飛行測試。

第一次EMD飛行是在1997年，在其飛行測試壽命結束時，這架飛機被用於實彈測試。

該項目於2001年獲准進入低速初始生產。2004年，空軍作戰測試暨評估中心成功完成了初步作戰測驗評估。基於設計成熟度等因素，該項目獲得批

短程武器

為了對付近距離目標，F-22A配備了久經考驗的M61A2火神式20公厘機砲，配有480發子彈，而內部側武器艙可用於攜帶兩枚AIM-9紅外線導引空對空飛彈，包括具有高離軸發射能力的最新型AIM-9X。

向量推力

F-22相對於競爭對手YF-23的優勢之一是其向量推力，它大幅提高了所有飛行狀態下的機動性。

准於2005年全速產量。

2005年12月15日，也就是該飛機在第27戰鬥機中隊獲得初始作戰能力的同一天，宣布取消之前的F／A-22A名稱並恢復F-22A名稱。F-22A的主要操作單位是美國空軍教育訓練司令部、空戰司令部和太平洋空軍，且該機從未獲得出口許可。

生產縮減

美國空軍曾經計劃以262億美元的總成本訂購750架ATF。1990年，F-22的採購數量減少到648架。隨後的計劃總數又有所減少，主要是由於開發階段的成本超支。因此，總數在1994年減少到438架，到1997年減少到339架。2003年，國會成本上限被理解為將總數限制在277架，2006年時任國防部長唐納·倫斯斐（Donald Rumsfeld，1932～2021）又將數量減少到183架。

猛禽式機的部分關鍵殺傷力在於，它以諾斯羅普格魯曼（Northrop Grumman）公司AN／APG-77主動電子掃描相位陣列雷達和英國航太系統公司AN／ALR-94被動接收器系統構建而成的航空電子設備套件。ALR-94在機翼和機身中整合了30多具天線，可為猛禽式機提供涵蓋360度全方位的雷達訊號偵測。

動力裝置是兩具156千牛頓（15,908公斤）推力的普惠F119引擎，使猛禽式機能夠在不使用後燃器的情況下加速到1.8馬赫進行超音速巡航。使用後燃器後，猛禽式機能夠達到2.0馬赫的速度和超過18,288公尺的高度，且爬升速度比F-15還快。

儘管它是美國空軍卓越的空優戰鬥機，猛禽式機的戰鬥首次亮相卻是空對地任務。2014年9月23日晚上，當美國和阿拉伯聯合空中力量襲擊了所謂的敘利亞伊斯蘭國目標時，第27戰鬥機中隊的F-22A使用GPS導引彈藥，瞄準了約距土耳其邊境121公里位於敘利亞北部的設施。從那時起，F-22幾乎一直在美國中央司令部（CENTCOM）部署，並在世界其他戰區提供強大的威懾力量。

反雷達設計

F-22A稜角分明但乾淨的外部形狀在機身的任何部分都有鋸齒狀邊緣，可以減少電磁能量反射回敵方雷達。雖然可以在四個外部掛載點上攜帶彈藥，但主要武器隱藏在三個內部彈艙中（一個大機腹艙和兩個較小的側彈艙）。

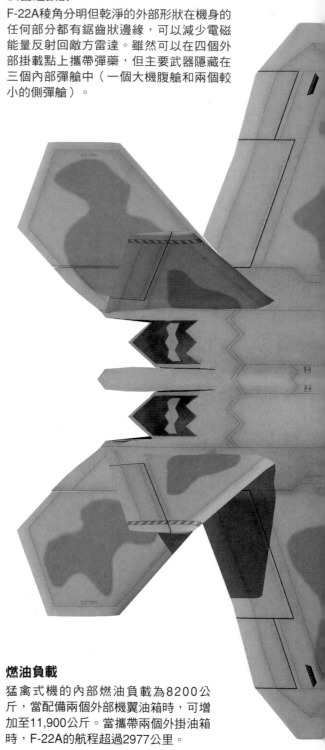

燃油負載

猛禽式機的內部燃油負載為8200公斤，當配備兩個外部機翼油箱時，可增加至11,900公斤。當攜帶兩個外掛油箱時，F-22A的航程超過2977公里。

內部武器

猛禽式機的主要內部彈艙設計用於裝載六枚
AIM-120雷達導引空對空飛彈,以執行戰鬥機
的主要空對空任務。執行空對地任務時,彈艙
可配置為攜帶兩枚454公斤(1000磅)GBU-
32聯合直接攻擊彈藥(Joint Direct Attack
Munitions, JDAM)和兩枚AIM-120飛彈。

*2006年3月,頭兩架F-22A猛禽式機交付給著名的第94戰鬥機中隊。第94中
隊是蘭利空軍基地第二個接收新型匿蹤戰鬥機的中隊。*

F-16 戰隼式戰鬥機

F-16最初是一種簡單、輕型的防空戰鬥機,在長程空對空和攻擊方面的能力有限。今天,它是同類機型中最成功的西方戰機,且先進的改良型繼續裝備美國和許多其他國家空軍。

F-16最初是由通用動力(奇異)公司開發的輕型空戰戰鬥機,但現在由洛克希德-馬丁(Lockheed-Martin)公司生產。1974年1月20日首飛,而服役測試的YF-16在美國空軍的飛行比賽中被選中,以支援諾斯羅普的YF-17。八架全面開發的F-16A機身中的第一架於1975年試飛,隨後是1977年首架具有戰鬥能力的F-16B雙座教練機。

戰隼式機〔Fighting Falcon,服役後被暱稱為「毒蛇」(Viper)〕的設計強調了高度的靈活性。設計特點包括位於前機身駕駛艙下方的震波進氣口。混合機翼/機身外型與突出的前緣翼根部延伸相結合,以在大攻角時產生升力。飛機設計為靜態不穩定,依靠線傳飛控系統進行操縱,飛行員的

F-16A規格	
乘員:	1
機身長:	14.8公尺
翼展:	9.8公尺
飛機空重:	7070公斤
發動機:	1具通用電氣F110-GE-100或普惠F100-PW-220渦輪扇引擎
最高速度:	高空時2125公里/小時以上
武裝:	1門配彈500發的20公厘M61A1六管連發機砲;外掛最多可承載9276公斤(20,450磅)彈藥

座艙罩

一體式座艙罩為飛行員提供極佳的視野參數,包括360度全方位視角,前後195度,兩側向下40度,機頭向下15度。飛行員們都對駕駛艙的特殊視野讚譽有加。

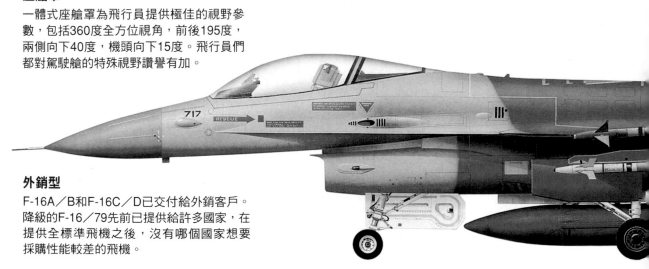

外銷型

F-16A/B和F-16C/D已交付給外銷客戶。降級的F-16/79先前已提供給許多國家,在提供全標準飛機之後,沒有哪個國家想要採購性能較差的飛機。

巴基斯坦「毒蛇」
這架第14中隊的F-16A批次15R是依據和平之門（Peace Gate）II計劃交付給巴基斯坦空軍的其中一架，攜掛了AIM-9響尾蛇空對空飛彈和一個中線油箱。

彈射座椅向後傾斜30度以對抗G力。

　　向美國空軍交付的生產標準F-16A／B始於1979年1月。

「世紀銷售」

　　當北約開始尋找F-104星式戰鬥機（Star-fighter）的後繼機種時，根據比利時、丹麥、荷蘭和挪威之間的協議，F-16A／B於1975年6月被選中。比利時和荷蘭獲得授權生產戰隼式機，推動了飛機的出口成功。

　　儘管初期出現了引擎故障和結構裂紋等問題，但F-16仍發展成出色的多用途戰鬥機。美國空軍使用的是第15批次生產的F-16，部分F-16A／B被轉換為F-16A／B防空戰鬥機（Air Defense Fighter, ADF）標準，具有升級的AN／APG-66雷達和AIM-7麻雀（Sparrow）中程空對空飛彈。這些飛

來自新墨西哥州坎農空軍基地的美國空軍第522戰鬥機中隊F-16C戰隼式機，正對著猶他州測試暨訓練靶場的目標發射AGM-65H小牛空對地飛彈。該任務是通常被稱為「戰鎚」（Combat Hammer）的空對地武器系統評估計劃任務的一部分。

機被提供給空軍國民兵中隊使用。

　　1984年6月19日首飛的F-16C單座機和F-16D雙座機的配置包括：APG-68多模式雷達、廣角抬頭顯示器（head-up display, HUD）和改良的飛行員數位顯示幕，以及可發射AGM-65D小牛（Maverick）飛彈和AIM-120先進中程空對空飛彈的操作介面。

　　F-16C／D批次30／32和40／42具有「可設定」引擎艙，允許客戶選擇裝置推力128.93千牛頓（13,147公斤）的通用電氣F110-GE-100或推力106.05千牛頓（10,814公斤）的普惠F100-PW-220引擎。批次30／32飛機還增加了攜帶用於防空壓制作戰的AGM-45百舌鳥（Shrike）反輻射飛彈和AGM-88高速反輻射飛彈的能力。

　　到了1990年代初，生產標準是F-16C／D批次50／52機型，配備APG-68（V）5雷達，具有改良的內存記憶體和更多模式，與夜視鏡相容的抬頭顯示器、ALE-47干擾箔／熱焰彈撒布器，以及完整的高速反輻射飛彈整合能力。這些F-16也由兩種標準的性能改良引擎（Improved Performance Engine, IPE）版本提供動力。大約100架的美國空軍F-16C／D批次50／52飛機也被提升到批次

F-16C批次50規格

乘員：1

機身長：14.8公尺

翼展：9.8公尺

飛機空重：8581公斤

發動機：1具通用電氣F110-GE-129渦輪扇引擎

最高速度：高空時2125公里/小時以上

武裝：1門配彈500發的20公厘M61A1機砲；外掛
　　　最多可承載7020公斤（15,591磅）包括6枚
　　　空對空飛彈在內的各種空對空及空對地傳
　　　統彈藥

防空飛彈殺手

以色列操作的一些F-16D的顯著特徵是延長
的背脊，其內裝有航空電子設備，使得F-16
可以作為野鼬機（Wild Weasel）執行防
空壓制任務。以色列空軍在敵方防空飛彈
（surface-to-air missiles, SAM）攻擊中遭
受重大損失後，便自主開發了反制裝備加
以因應。

以色列F-16D

這架以色列空軍雙座飛機的尾部顯示了第105中
隊的標誌──兩邊都塗有一隻大蠍子。一個較
小的徽章位於其上方，由紅色、白色和藍色圓
盤上的紅色蠍子組成。自1990年代中期以來，
以色列戰鬥機上的標誌變得更加精細。

50／52D標準，配備ASQ-213反輻射飛彈目標獲
得系統。「毒蛇」的最新生產機型是為阿拉伯聯
合大公國生產的F-16E／F批次60，改變的部分包
括：主動電子掃瞄相位陣列雷達、內部前視紅外線
（forward-looking Infrared, FLIR）感測器、先進駕
駛艙和內部電子自我保護套件。

　　截至2017年初，F-16已交付給全球28家客戶，
洛克希德-馬丁公司持續行銷其F-16V供國內和出口
使用。這種先進的改良機型可藉由新造飛機或升級
獲得，包括AESA雷達、更現代化的航空電子設備
和大尺寸高解析度座艙顯示器。

梅塞施密特 Me 262

Me 262作為世界第一架投入使用的噴射式飛機,在歷史上占有一席之地。除了其動力裝置保證了性能方面的巨大躍進之外,它所使用的先進空氣動力技術(包括後掠翼)也相當引人矚目。

梅塞施密特Me 262於1944年底進入德國空軍服役,源自於戰前德國對燃氣渦輪推進的研究。該型機的設計始於1938年,原型機身早在1941年就已準備就緒。然而,在這個階段,所需的噴射引擎仍未實用化。

1941年4月18日,Me 262 V1原型機完成了首飛,不過是使用一具Jumo 210G活塞引擎作為動力裝置。試飛結果證明總體操控特性良好,並使

Me 262得以續行開發飛機系統。1942年3月25日,Me 262 V1在兩具BMW 003渦輪噴射引擎的動力下升空,每具引擎產生840公斤的推力。在啟動所有三具引擎動力起飛後(機頭安裝的Jumo 210G保留起來以備緊急使用),兩具渦輪噴射引擎隨即失去動力,試飛員弗里茨·溫德爾(Fritz Wendel,1915~1975)被迫僅靠活塞引擎動力著陸。

早期引擎故障歸因於壓縮機葉片故障,這會

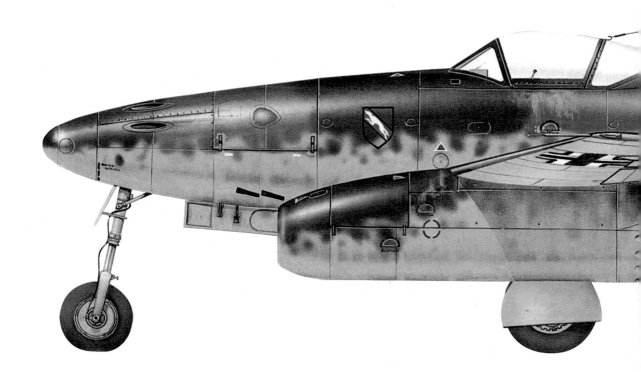

德國在維持 Me 262 的引擎生產方面遇到了極大的困難，生產噴射引擎的工廠是盟軍轟炸機的主要目標，這導致發動機的可靠性較差，而鉻和鎳的短缺使渦輪葉片的製造強度無法承受所遇到的極端溫度，從而造成引擎的使用壽命非常短。

發動機

Me 262 由一對容克斯 Jumo 004B-1 軸流式渦輪噴射引擎提供動力，每具引擎的額定靜推力約為 8.82 千牛頓（899公斤）。在高度 6096 公尺時的最大速度約為 869 公里/小時。飛機在俯衝時會超過這個速度，很快就會達到其極限馬赫數。

幸運七？

這架 Me 262A-1a 於 1945 年初的帝國防衛戰期間，隸屬駐帕爾希姆的第 1 戰鬥機軍第 1 戰鬥機師第 7 戰鬥機聯隊第 9 中隊。在戰爭結束時該機被美軍俘獲，賦予代碼 FE-111 以進行評估。1979 年期間，這架飛機被拆除、翻新，並在華盛頓特區的航空太空博物館展出。

Me 262A-1a規格

乘員：1

機身長：10.61公尺

翼展：12.5公尺

飛機空重：4000公斤

發動機：2具容克斯Jumo 109-004B-4渦輪噴射
引擎

最高速度：高度7000公尺時870公里/小時

武裝：機首4門30公厘機砲

夜間戰鬥機

工廠編號111980的這架Me 262B-1a／U1隸屬
單位是第11夜間戰鬥機聯隊第10中隊，其更為
人所知的名稱是維爾特飛行隊（Kommando
Welter）。1945年5月之前，這架「紅12」號機
駐紮馬格德堡伯格鎮（Burg）作戰。戰爭結束
後，由英軍試飛員艾瑞克‧布朗（Eric 'Winkle'
Brown，1919～2016）上尉率領，來自法茵堡的
小組對其進行了評估。

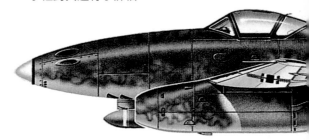

導致引擎卡住，所以需要對引擎進行徹底的重新設
計。然而，在使用兩具容克斯渦輪噴射引擎的情況
下，Me 262的開發仍在繼續。

　　容克斯引擎比BMW引擎更大更重，因此必須
對Me 262機身進行改裝才能夠安裝。1942年7月18
日，第三架（V3）原型機搭載兩具推力為8.24千牛
頓（840公斤）的Jumo 004A渦輪噴射引擎。

　　Me 262是一種懸臂式低單翼飛機，引擎莢艙安
裝在機翼下方約三分之一翼展處。早期的原型機是
採用可伸縮尾輪起落架，但到1944年開始生產時，
改成了前三點式機輪配置。

快速轟炸機

　　Me 262的命運經常被描述為，因希特勒錯誤地
將Me 262作為轟炸機投入使用以對英國進行報復性

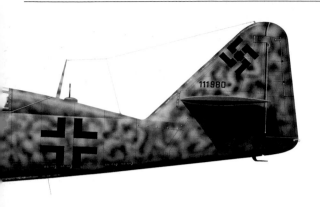

戰鬥轟炸機

第51轟炸機聯隊第1中隊配掛炸彈的Me 262A-2a。伍爾夫岡·申克（Wolfgang Schenk，1913～2010）少校於1944年11月出任第51轟炸機聯隊指揮官，且在同年夏天就已經率領他的Me 262飛行隊投入諾曼第戰線作戰。

升降舵和副翼

預量產的Me 262配備了織布覆蓋的升降舵，但事實證明這些升降舵在高速俯衝中極易受到氣流衝擊的影響，並且有幾次實際撕裂了覆布。此後，所有生產的飛機都配備了金屬外殼的升降舵。

襲擊而受挫。儘管希特勒確實設想了將Me 262作為一種快速轟炸機（Schnellbomber）而非防禦性攔截機，但他對該計劃的干預是否對飛機投入使用的延遲產生了重大影響，還是有爭議的。更令人擔憂的困難是改進引擎以提供所需的推力以及最重要的可靠性。

1944年末，Me 262開始服役，最初是Me 262A-1a戰鬥機，機頭裝有四門30公厘機砲。這些飛機中的第一架於1944年10月加入了諾沃托尼飛行隊（Kommando Nowotny）。緊隨其後的是額外配備兩門20公厘機砲的Me 262A-1a／U1、Me 262A-1a／U2夜間戰鬥機，以及Me 262A-1a／U3無武裝偵察機。

除了四門30公厘機砲外，Me 262A-2a轟炸機還可以攜帶多達500公斤（1102磅）的炸彈，此外還生產了雙座的Me 262A-2a／U2（設置有俯臥炸彈瞄準具）。

在戰爭結束之前，Me 262作為日間和夜間戰鬥機在對抗盟軍轟炸機方面取得了一些成功（後者是配備雷達的Me 262B-1a／U1，由Me 262B-1a雙座教練機改裝而成），並且正在開發空對空火箭彈，以向轟炸機編隊齊射24枚R4M火箭，然後使用30公厘機砲射擊敵軍轟炸機。對於Me 262來說敵方戰鬥機是全然棘手的敵人，儘管它比任何盟軍戰鬥機的對手都要快得多，但在機動性方面卻比較差，尤其是在低空時。就這樣，一些Me 262在戰鬥中被摧毀，德國空軍被迫為機場附近起降的噴射飛機提供額外的（螺旋槳戰鬥機護航）保護。

在戰爭的後期階段，鑑於盟軍空中力量在歐洲上空的壓倒性優勢，Me 262總是處於以寡敵眾的情況，盟軍對工廠和機場的猛烈轟炸，也使得新型戰鬥機無法按照計劃生產和部署。

Me 262的總產量約為1430架，毫無疑問地，如果這款機型更早投入使用，它很可能使盟軍日間轟炸攻勢變得過於危險，從而使空中戰爭對德國更加有利。

SR-71 「黑鳥」

洛克希德SR-71以其非官方的暱稱「黑鳥」（Blackbird）而聞名，它是史上最快的吸氣式有人駕駛飛機，其3馬赫的高速性能意謂著這架間諜飛機在冷戰期間能有效地避免攔截。

1964年2月美國總統詹森向公眾透露的「黑鳥」機，是由中央情報局操作的一個名為A-11的項目。詹森透露，這架飛機的飛行速度超過3219公里/小時，且飛行高度超過21,335公尺。

實際上，A-11是洛克希德設計製造的A-12單座戰略偵察機，於1962年4月30日首飛，共完成了15架A-12交由中央情報局和美國空軍飛行員操作。除了標準的A-12外，還有兩架飛機被改裝為M-21標準，作為衝壓噴射動力D-21遙控無人飛行器的施放載具。另外開發生產了一種原型攔截機YF-12A，其中僅完成了三架。

批量生產

洛克希德的凱利・強森（Clarence 'Kelly' Johnson，1910～1990）進一步開發了他的原始A-12設計，為美國空軍生產了一架雙座戰略偵察

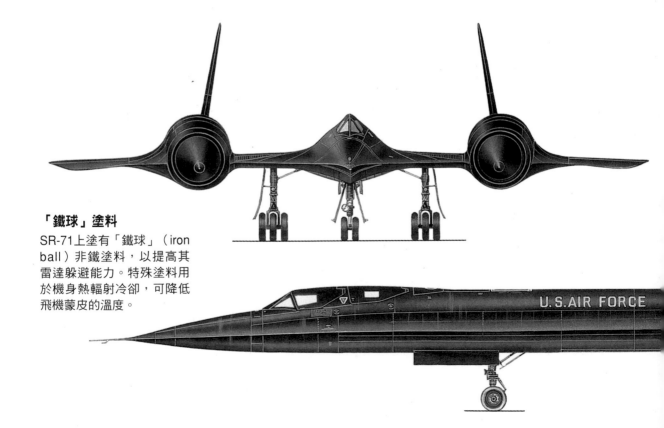

「鐵球」塗料
SR-71上塗有「鐵球」（iron ball）非鐵塗料，以提高其雷達躲避能力。特殊塗料用於機身熱輻射冷卻，可降低飛機蒙皮的溫度。

U.S. AIR FORCE

SR-71A戰略偵察機的右側俯視空攝圖。非正式名稱為
「黑鳥」，SR-71的高度機密偵察任務見證了飛機感測
器系統收集的情報，這些情報有助於制定美國20多年的
外交政策。在那段時間裡，這款飛機的美國空軍獨家作
業單位是加州比爾空軍基地的第9戰略偵察聯隊。

加油

大多數「黑鳥」任務都需要進行至少一
次空中加油，由專門配備的加油機執
行。標準程序是在SR-71起飛前出動加
油機，SR-71將在起飛後跟隨加油機，
並在高度7925公尺處加滿油箱。

任務記錄器

除了記錄所有通信、感測器動作和
導航數據外，機載任務記錄器系統
還記錄了所有飛機和系統的性能。
記錄器放置在一個防撞盒裡。

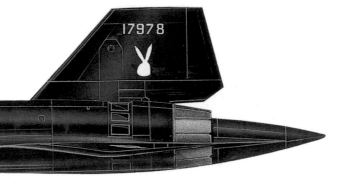

電子情報

SR-71A配備收集電子情報（electronic intelligence, ELINT）裝備，作為其「協同」整合情報方法的一部分，其中雷達影像與訊號情報和照相影像相結合。該機可以攜帶各種不同的訊號情報酬載，主要用於記錄雷達訊號。

偵察系統官

坐在後座的偵察系統官（Reconnaissance Systems Officer, RSO）負責操作任務設備，包括一系列不同的相機酬載，這些裝備設置在機身脊線艙中。使用的主要相機是技術物鏡相機（Technical Objective Camera, TEOC），焦距為91.4公分。

機。原計劃作為一種攻擊／偵察機，這促使了R-12和RS-12機型設計。最後只有單用途的R-12間諜飛機被選用，進而導致SR-71的生產。SR-71A與A-12和YF-12A有很多共同之處，主要使用鈦金屬製造，以便在3馬赫高速飛行下受空氣摩擦力加熱機體時保持結構完整。

在設計方面，SR-71A採用了非常纖薄的機身和薄三角翼來對抗高速時遇到的氣動阻力。為了防止前機身隨著速度增加而向下俯衝，前機身兩側設有舉升脊線。兩具普惠J58渦輪噴射引擎產生了所有所需的低速推力，但在3馬赫時它們的推力會減少到總推力的18％，而其餘部分由巧妙配置的進氣口和噴嘴設計提供，進氣口本身包含可動錐體（震

波錐）。藉由這種方式，使進入進氣口的空氣繞過引擎前段，直接進入後燃器和尾管噴嘴，從而產生衝壓引擎的作用。

在其近24年的服役生涯中，SR-71是世界上速度最快、飛行高度最高的作戰飛機。它在24,384公尺的高度運行，每小時能夠對面積258,999平方公里的區域進行監視。1976年7月28日，一架SR-71創造了同級別的兩項世界紀錄——3529.56公里/小時的絕對速度紀錄和25,929公尺的絕對高度紀錄。

SR-71於1966年進入美國空軍服役，並很快在越南作戰。兩年之內，最初的A-12已經退役。兩架雙座SR-71B教練機完成，而在其中一架墜毀後，又將一架YF-12A的後機身與取自靜態測試機身的前

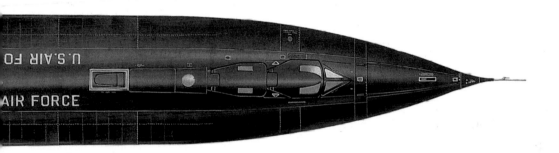

SR-71A規格

乘員：2
機身長：32.74公尺
翼展：16.94公尺
飛機空重：30,617公斤
發動機：2具普惠J58後燃渦輪噴射引擎
最高速度：高度24,385公尺時持續巡航速度3.2馬赫（3380公里/小時）
武裝：無

機身結合在一起——以SR-71C作為替代。29架SR-71A在冷戰時期防禦最嚴密的空域執行任務，在日本沖繩和英國的皇家空軍米爾登霍爾基地設有分遣隊。雖然在1989年退役，但該型機在沙漠風暴（即波灣戰爭）之後短暫恢復使用，首架於1995年6月重新啟用。然而，美國空軍最終在1998年汰除了SR-71，此後它被美國國家航空暨太空總署繼續用於測試工作。

美國國家航空暨太空總署在1990年代擁有的最後四架SR-71偵察機，其最後一次飛行是在1999年10月9日。

圖波列夫Tu-95

使用渦輪螺旋槳引擎的圖波列夫「熊式」機（Tupolev 'Bear'）在1950年代首次向西方觀察家展示時顯得不合時宜，但卓越的基本設計確保它時至今日仍作為在俄羅斯空軍庫存中數量最多的遠程戰略轟炸機，並於前線服役。

熊式D型

Tu-95RT被北約稱為「熊式D型」，是一種海上偵察機型，是冷戰期間西方防空體系最有可能遇到的蘇聯軍機。結合渦輪螺旋槳引擎、大容量的內部油箱和空中加油能力，確保了海上巡邏所需的長程飛行性能。

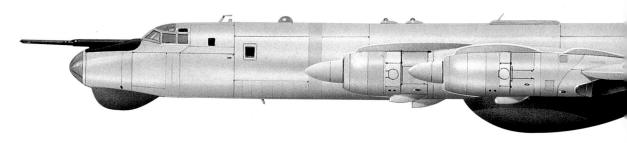

　　Tu-95最一開始的設計純粹是作為長程戰略轟炸機——具有核子攻擊能力——與四噴射引擎的米亞西舍夫（Myasishchev）M-4競爭。一開始，M-4就是蘇聯長程航空部隊的首選，但飛行測試顯示它不能滿足規格需求的作戰半徑，此後便從未將其作為主要的作戰武器。相比之下，雖然沒有人對圖波列夫飛機能夠滿足航程要求感到驚訝，但它所達到的飛行速度及高度的能力卻證明比預期來得好。其綜合性能遠高於以往歷史出現的任何螺旋槳飛機，甚至歷經半個多世紀後的今日仍然如此。

　　沒有其他飛機能如此充分地利用渦輪螺旋槳引擎的潛力，將噴射速度與慢轉螺旋槳的經濟性相結合。與C-130力士式運輸機相同，它是屈指可數生產超過35年的軍用飛機之一。從當時基本的自由落體炸彈轟炸機，之後又成為飛彈載臺、海上偵察、

飛彈目標獲得以及其他衍生機型。在1980年代初期，熊式機被改裝為新一代低空巡弋飛彈的發射平臺，從而獲得了新生命，更新後的機身也應用於反潛作戰，像是Tu-142。

　　Tu-95熊式A型於1952年11月12日進行了原型機首飛，但在1953年5月的墜機事故中損毀。1955年2月完成後續之原型機試飛後，轟炸機的初始量產型於同年10月開始交付。

　　雖然最初的熊式A型僅限於攜帶自由落體炸彈，但第一個攜帶飛彈的熊式機是Tu-95K，配備了米高揚（Mikoyan）強大的Kh-20〔北約代號AS-3，袋鼠（Kangaroo）〕飛彈。Tu-95K熊式B型於1959年服役使用。由於攜帶大型巡弋飛彈而影響了作戰半徑，圖波列夫著手製造長程型的飛彈載臺，成果就是設置空中加油探管的Tu-95KD，它於

Tu-95MS規格

乘員：7	
機身長：49.13公尺	
翼展：50.04公尺	
飛機空重：91,800公斤	
發動機：4具庫茲涅佐夫（Kuznetsov）／薩馬拉（Samara）NK-12MP渦輪螺旋槳引擎	
最高速度：830公里/小時	
武裝：內部彈艙和翼下掛架6～12枚Kh-55（AS-15，肯特）巡弋飛彈，或8枚Kh-101／Kh-102巡弋飛彈，以及2具雙管23公厘GSh-23機砲	

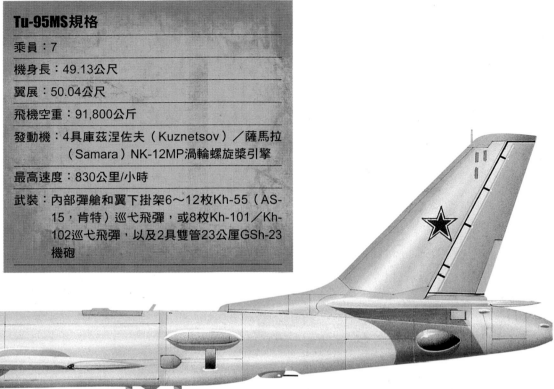

NK-12渦輪螺旋槳引擎

Tu-95／142系列是由四具庫茲涅佐夫／薩馬拉NK-12MP渦輪螺旋槳引擎提供動力，每具引擎的最大功率為15,000馬力。每個八葉螺旋槳單元由兩個四葉同軸對轉可變距螺旋槳組成。

Tu-142熊式F型海上巡邏機的最終機型是Tu-142MZ，引入了新型無線電聲納浮標系統和改良電子反制系統。它於1985年以原型機形式進行了飛行測試，並於1993年至1994年間生產。

*熊式機得天獨厚的超遠航程及
作業經濟性，是執行海上任務
的最佳選擇。Tu-95RT熊式D
型在海洋監視和目標標定方面
的成功經驗，促使專用於獵殺
潛艦的Tu-142熊式F型發展。*

起落架

熊式機系列具有典型的圖波列夫起
落架，每個主起落架上的四輪轉向
架縮回到機翼後緣的大型整流罩
中，與內部引擎保持一致外型。可
轉向前起落架包括雙前輪。

1965年作為Tu-95KM熊式C型生產服役。

　　1964年，蘇聯海軍引進了Tu-95RT熊式D型，
這是一種專用的海上偵察和飛彈目標獲得機型，
配備被動及主動感測器，可為潛射反艦飛彈提供
超視距目標標定，該機型源自最初的熊式A型自
由落體炸彈轟炸機，並於1967年被西方情報部門
發現。除了一套被動電子訊號情報偵搜裝置外，
Tu-95RT還依賴強大的主動感測器——型號為成功
〔Uspekh，北約代號「大凸出」（Big Bulge）〕
的海上搜索暨目標獲得雷達。

　　一些飛機使用多餘的Tu-95M熊式A型轟炸機
機身，改裝成Tu-95MR熊式E型，用於海上偵察任
務。與熊式D型不同的地方在於，該型機將電子情
報偵搜裝置與一整套光學相機結合在一個彈艙凸起
裝置中。Tu-95M在1980年代初期被大幅改良的Tu-
142所取代。

飛彈載臺

　　第一代熊式機的最終化身是Tu-95K-22飛彈載
臺，配備多達三枚Kh-22M〔北約代號AS-4，廚房
（Kitchen）〕距外攻擊飛彈。第一架飛機是改裝
的Tu-95KM，於1975年10月30日進行了首飛。其執
行任務的主要目標是美國海軍航空母艦。Kh-22M
於1981年首次自Tu-95K-22上成功發射。

　　在俄羅斯薩馬拉停止生產Tu-95後，以徹底升
級之Tu-95機身為基礎的Tu-142海上巡邏機生產工

防禦武器

不同於後來的型號，最初的Tu-95
自由落體炸彈轟炸機配備了三個火
砲裝置，分別位於機背、機腹和機
尾。這些裝置都配備了一對23公
厘AM-23機砲，通常分別配備700
發（背）、800發（腹）和1000發
（尾）彈藥。

距外飛彈載臺

Kh-20（AS-3，袋鼠）巡弋飛彈旨在打擊
關鍵的陸地設施和海軍目標。在攻擊軍艦
時，Tu-95K的YaD雷達將首先確定目標的
位置。飛彈準備發射時，Kh-20將從其半
嵌入式位置下降到轟炸機下方的滑流中，
使其渦輪噴射引擎加速。

*2007年開始，俄羅斯重型轟炸機恢復了長程「巡邏」
飛行，越來越多的Tu-95MS和Tu-160飛機被西方戰鬥
機攔截。熊式H型配備了空中加油設備，位於駕駛艙正
前方的固定受油探頭其作用顯而易見。*

作，改在塔甘羅格繼續進行。到1970年代末，出現
了新一代長程巡弋飛彈，除了超音速Tu-160之外，
蘇聯還選擇了Tu-142機身來攜帶Kh-55〔北約代號
AS-15，肯特（Kent）〕飛彈。在序列生產中，該
飛機被命名為Tu-95MS，第一架飛機於1982年12
月交付。在開始生產期間，薩馬拉工廠共建造了
173架飛機。然後，在1982～92年間生產了88架Tu-
95MS轟炸機——前12架在塔甘羅格，其餘在薩馬
拉。除了蘇聯和俄羅斯，熊式機也供烏克蘭（在被
賣回俄羅斯之前）及印度海軍（Tu-142）使用。

目前，俄羅斯仍保留了大約60架正在升級的
Tu-95MS轟炸機，以及兩個Tu-142海上巡邏機中隊
和少量Tu-142MR戰略無線電中繼飛機。

容克斯 Ju 88

常與英國的德哈維蘭蚊式機相提並論，但容克斯 Ju 88 甚至比其盟軍對手更多才多藝。除了滿足各種作戰和二線任務需求外，Ju 88 還不斷進行改良，直到戰爭結束。

Ju 88 最初被設計為三人座高速轟炸機。第一架原型機由兩具戴姆勒-賓士 DB 600Aa 引擎提供動力，每具引擎 1000 馬力，於 1936 年 12 月 21 日試飛。其他原型機用於測試替代動力裝置，包括類似等級的容克斯 Jumo 引擎。配備新引擎後，原型機顯示出令人印象深刻的速度——520 公里/小時，從而在戰前幾年進行了多次破紀錄的嘗試。

在完成 10 架原型機後，試製型 Ju 88A-0 轟炸機於 1939 年初試飛，然後同年 9 月作為 Ju 88A-1 的初始量產型進入服役。雖然最初的戰鬥經驗強調了飛

Ju 88A-4 規格

乘員：	4
機身長：	14.4 公尺
翼展：	20 公尺
飛機空重：	9860 公斤
發動機：	2 具容克斯 Jumo 211J-1 活塞引擎
最高速度：	高度 5300 公尺時 470 公里/小時
武裝：	1 挺 13 公厘或 2 挺 7.92 公厘前射機槍、後座艙 2 挺及機身下方 2 挺同款機槍，外加 2000 公斤（4409 磅）炸彈

夜間戰鬥機的命運
這架隸屬第 2 夜間戰鬥機聯隊第 7 中隊的 Ju 88G-1 於 1944 年 7 月 12 日至 13 日晚間，由於機組人員迷航而意外降落在伍德布里奇英國皇家空軍基地。它為英國人提供了寶貴的情報。

機翼天線
機翼上攜帶的偶極天線能讓機組人員接收來自英國皇家空軍轟炸機攜帶的莫妮卡（Monica）機尾警告雷達發射訊號，然後將這些訊息輸入到夜間戰鬥機上的弗倫斯堡（Flensburg）測向儀中。

在Ju 88活躍的所有戰區中，與該機型最密切相關的便是地中海戰區。這架飛機在引擎艙內側的外掛架上裝有四顆SC 250炸彈，此外機內彈艙還可攜載10枚這種250公斤（551磅）炸彈。

機的良好性能和有效的載彈量，但卻發現其防禦武器不足。這導致了改良型Ju 88A-4轟炸機的發展，具有更大翼展的機翼、加強的機體結構，藉以獲得更大負載並提高防禦武器數量。基本型Ju 88A是如此成功，從而催生出了包括Ju 88A-17在內的各種衍生型。

向上發射機砲

儘管這架飛機沒有安裝該裝置，但許多Ju 88G在機身後部配備了向上發射機砲，以應對在其上方飛行的英國夜間轟炸機。取而代之的是，這架Ju 88G-1在機腹箱中配備了四門MG 151機砲。

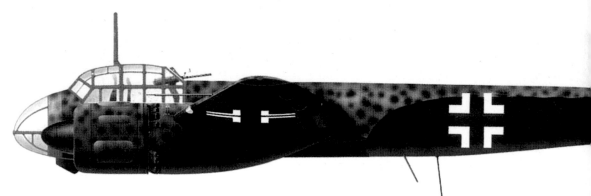

夜間轟炸機

這架Ju 88S-1三人座快速轟炸機採用1944年標準
夜間迷彩塗裝。它在戰爭的最後幾個月從代德爾
斯多夫起飛,由第66轟炸機聯隊第1大隊單獨執
行針對英國和海峽港口的轟炸任務。Ju 88S-1配
備了執行無線電波束探路機任務的機載設備。

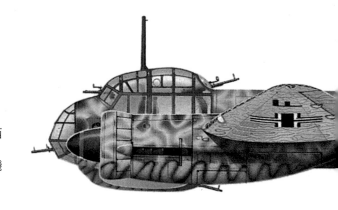

「骷髏頭」聯隊

1943年9月在義大利貝加莫基地部署,執行西
西里島和薩雷諾反入侵任務的第54「骷髏頭」
(Totenkopf)轟炸機聯隊第1大隊Ju 88A-4,機
身塗裝標準地中海雙色調「波浪紋」迷彩。

在Ju 88A系列的生產繼續進行的同時,改良的
Ju 88B發展工作也開始了,具有更大面積的玻璃機
鼻和兩具1600馬力的BMW 801MA星型引擎。不過
性能提升有限,所以僅完成了10架預量產飛機。

戰鬥機型

由於機身設計提供的速度如此之快,它很快
就適用於戰鬥機任務,最初以Ju 88C系列的形式出
現。儘管配備BMW 801MA引擎的Ju 88C-1遭到放
棄,但該系列中的第一款量產型是Ju 88C-2,本質
上是Ju 88A-1機體改配包含三挺7.92公厘機槍和一
門20公厘機砲的機頭。衍生型包括Ju 88C-4重型戰
鬥機(驅逐機)/偵察機、Ju 88C-5改良型重型戰
鬥機、Ju 88C-6a(改良型Ju 88C-5)、Ju 88C-6b
和Ju 88C-6c夜間戰鬥機、Ju 88C-7a和Ju 88C-7b
戰鬥轟炸機以及Ju 88C-7c重型戰鬥機。其他夜間
戰鬥機包括Ju 88R-1和Ju 88R-2,由BMW 801MA
引擎提供動力。

一架被俘獲的Ju 88A-4正準備自北安普敦郡的科利韋斯頓（Collyweston）起飛。這架飛機原本由第30轟炸機聯隊第3中隊操作，在1941年7月23日至24日對伯肯黑德進行夜間空襲後，錯誤地降落在布里斯托附近的布羅德菲爾德唐（Broadfield Down）。它由皇家航空研究院負責進行戰術測試評估。

決定性日間轟炸機

Ju 88A-4於1940年初進入開發階段，旨在利用更強大的Jumo 211F和211J引擎提供的優勢。同時，容克斯工程師在翼展上進一步增加了1.63公尺，以提高承載能力。

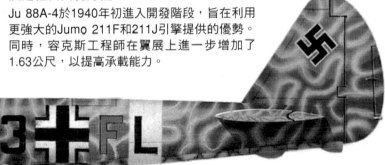

　　為對應長程偵察任務，容克斯在Ju 88A-4轟炸機的基礎上開發了Ju 88D系列。Ju 88D-1到Ju 88D-5衍生型在引擎和設備的配置上有所不同。

　　終極夜間戰鬥機機型是出現在1944年夏天的Ju 88G，取代了早期的Ju 88C和Ju 88R。Ju 88G是戰爭中最好的夜間戰鬥機之一，配備機載攔截雷達和一系列不同的武器選擇。

　　在戰爭即將結束時，德國空軍推出了長程Ju 88H，其特點是加長的機身可以攜帶額外的燃料。

具體型號包括Ju 88H-1偵察機和Ju 88H-2驅逐機。Ju 88P是一種專用反戰車飛機，是Ju 88A-4的改良型，Ju 88P-1攜帶一門強悍的75公厘PaK 40反戰車砲。後續的Ju 88P-2到Ju 88P-4為同一任務提供了不同的攻擊武器組合。

　　隨著戰況越來越有利於盟軍，最終的生產機型代表了從基本設計中榨取額外性能的努力。Ju 88S是一種高性能轟炸機型，而Ju 88T是一種照相偵察機。Ju 88系列總產量達到近15,000架。

SPAD XIII

第一次世界大戰期間的發展速度如此之快，以致於很少有戰鬥機能長期占據主導地位。在西線的所有戰鬥偵察機中，最好的全能型戰機可能是法國設計的SPAD XIII，它由美國的「擂臺之帽」（Hat in the Ring，表示願意成為挑戰者的拳擊用語）中隊駕駛而聞名於世。

法國斯帕德公司（Société Pour l'Aviation et ses Dérivés, SPAD）首先在SPAD VII戰鬥偵察機上嶄露頭角，該偵察機於1916年4月首次出現，並很快證明了其性能優於德國信天翁偵察機和福克偵察機。

由於SPAD VII的成功，以其基本設計進一步發展SPAD XIII是合乎邏輯的下一步。與SPAD VII相比，於1917年4月4日首次亮相的SPAD XIII主要差異在於，它使用了齒輪傳動的220馬力水冷式希斯潘諾-蘇莎8Ba引擎，不僅提供了更多動力，而且與SPAD VII上的直接驅動希斯潘諾8Aa的螺旋槳轉動方向相反。SPAD VII和XIII大部分的成功都可以歸

艾迪‧瑞肯貝克

1918年秋天，這架原為中隊指揮官準備的序號S4523飛機被瑞肯貝克領用，並在法國聖米耶勒附近的倫伯古機場（Rembercourt Aerodrome）駕駛作戰。

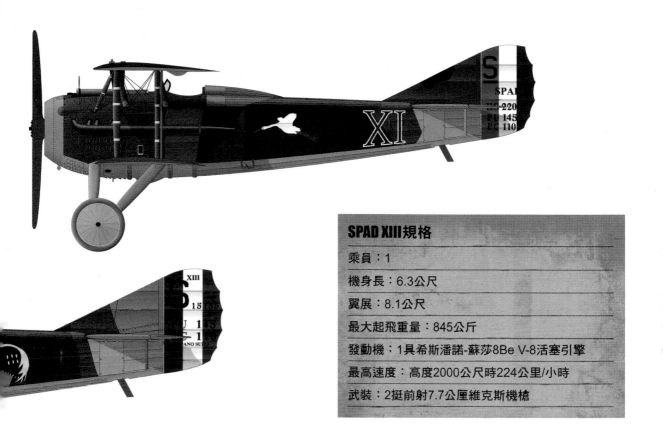

SPAD XIII規格

乘員：1	
機身長：6.3公尺	
翼展：8.1公尺	
最大起飛重量：845公斤	
發動機：1具希斯潘諾-蘇莎8Be V-8活塞引擎	
最高速度：高度2000公尺時224公里/小時	
武裝：2挺前射7.7公厘維克斯機槍	

法蘭克・路克（上）

SPAD XIII序號S15155由快速得分的小法蘭克・路克駕駛，他是第一次世界大戰期間第二位最成功的美國遠征軍飛行員。他曾於第27航空中隊服役，在1918年9月的戰鬥中陣亡，他獲得了18次官方認可的擊墜紀錄。

雷內・豐克（最上）

雷內・豐克於1917年駕駛這架SPAD XIII。這架第103中隊的飛機塗飾有鸛鳥標誌，而該傳統時至今日法國空軍仍在延續。當他獲得榮譽軍團勳章時，豐克被描述為「一位極具價值的戰鬥飛行員，結合了傑出勇氣、非凡技能和沉著冷靜」。

功於特殊的希斯潘諾引擎——由瑞士人馬克・伯基特（Marc Birklgt，1878～1953）設計的一種開創性V-8引擎。SPAD XIII也進行了其他更新，包括翼展略微增加的倒錐形翼弦副翼、圓形尾翼和增加面積的垂直尾翼面。武裝則包括兩挺7.7公厘維克斯機槍。

盟軍王牌中的王牌

第一架飛機於1917年5月交付給西線部隊，取代了法國戰鬥機中隊的紐波特機和SPAD VII。獲得54次空戰勝利的法國國家英雄暨空戰王牌喬治・蓋尼默，在1917年9月駕駛一架首批交付的SPAD XIII飛越比利時普爾卡佩勒時神祕失蹤。在這次挫折後，SPAD XIII很快就在其他飛行員手中展示了其威力，其中包括王牌中的王牌雷內・豐克（René

Fonck，1894～1953）——創下一戰結束時盟軍最高75次擊墜勝利紀錄者。豐克是一名專業射手，他在SPAD XIII找到了理想的戰駒，曾在一次戰鬥中被確認僅用27發子彈就摧毀了三架敵機。

大規模服役

在戰爭的最後14個月中，SPAD XIII裝備了至少81個法軍中隊，以及比利時和義大利空軍的眾多單位，還有英國皇家飛行隊的第19和23中隊。在駕駛SPAD XIII的歐洲國家中，最著名的空戰英雄是弗朗切斯科‧巴拉卡（Francesco Baracca，1888～1918），他是義大利一戰期間的頂尖戰鬥機王牌，共獲得了34次空戰勝利。1917年10月，在SPAD XIII中取得了幾次勝利後，巴拉卡的飛機「在空戰纏鬥中被敵方機槍火力擊毀，其縱梁斷裂成碎片」。結果，巴拉卡重回駕駛SPAD VII一段時間，之後在兩型飛機間切換使用。

1918年7月，美國人在對紐波特28的性能表示失望後，決定採購SPAD XIII來裝備他們的戰鬥編隊。因此，SPAD XIII被美國遠征軍的頭號王牌艾迪‧瑞肯貝克（Eddie Rickenbacker，1890～1973）上尉所擁有。在戰爭的最後幾週，瑞肯貝克與著名的第94航空中隊「擂臺之帽中隊」一起飛行，取得了相當多的擊墜戰果。隨後加入遠征軍駕駛SPAD XIII的是小法蘭克‧路克（Frank Luke Jr.，1897～1918），他是這場戰爭中獲得擊墜紀錄最快的美國飛行員，最終獲得了18次擊墜紀錄，其中包括以SPAD XIII擊落的一些敵軍觀測氣球。

SPAD XIII的生產有些遲緩，到戰爭結束時，SPAD VII仍在大規模服役，儘管它被德國的福克D.VII超越。在1918年3月德國發動重大攻勢時，SPAD VII的數量持續超過其優越的繼任者。

總共建造了8472架SPAD XIII。如果不是在戰爭結束時停止生產，生產量可能會更多：在敵對行動停止之前，盟軍還有大約10,000架的未完成飛機訂單，只是都被取消了。儘管如此，這架飛機的戰後生涯仍由出口到比利時、捷克、日本和波蘭而得到見證。

美國第一次世界大戰的頂尖空戰王牌——艾迪‧瑞肯貝克上尉——與他於1918年隨第94航空中隊駕駛的SPAD XIII一起出現。請注意機身後部著名的「擂臺之帽」標誌和西線戰場典型的粗糙泥濘簡易跑道。

這架仍可飛行的SPAD XIII作為科爾‧帕倫（Cole Palen，1925～1993）的老萊茵貝克機場收藏（Old Rhinebeck Aerodrome collection）的一部分。它由萊特-希斯潘諾（Wright-Hispano）引擎提供動力，曾在羅斯福機場以第103驅逐中隊（前身為著名的拉法葉中隊）的外觀展出，並塗飾有羅伯特‧蘇比蘭（Robert Soubiran，1886～1949）上尉的標誌。此為1960年帕倫駕駛這架保存完好的SPAD XIII的照片。該機現於俄亥俄州代頓的空軍博物館陳列。

喬治‧蓋尼默

SPAD XIII序號S504由喬治‧蓋尼默於1917年9月駕駛。它是帶有圓形機翼且配備雙機槍的早期系列飛機。法國最受歡迎的空戰王牌蓋尼默於1917年9月11日在比利時普爾卡佩勒附近的戰鬥中陣亡。

「鸛」

SPA 3的歷史可以追溯到1912年7月成立的第3中隊。1916年4月，該單位與第26、73和103中隊合併。1916年11月，這四個中隊成為第12作戰大隊，更為人所知的是「鸛」（Cigognes）大隊。一旦重新配備了SPAD機型，原來的中隊就成了SPA 3。

P-38 閃電式戰鬥機

強大的P-38閃電式（Lightning）戰鬥機是二戰期間美國陸軍航空隊中的
一個異類：一架真正成功的重型戰鬥機，在歐洲及太平洋戰區同樣有能力
執行長程護航任務或作為強悍的對地攻擊機。出戰成功後，很快就被冠以
「雙身惡魔」（fork-tailed devil，或稱叉尾惡魔）的稱號。

考量到P-38是洛克希德擘劃的第一個戰鬥機
設計，它的成功更加引人矚目。這架雙引擎雙尾桁
飛機最初的設計目的是為了滿足1937年對高空攔
截機的設計需求，但它在這類任務中幾乎沒有什
麼用處。1939年1月27日首飛XP-38原型機，隨後
即是第一批生產的P-38。由一對艾里遜（Allison）
V-1710-27／29引擎提供動力，最高速度628公里/
小時是當時任何其他雙引擎戰鬥機都無可比擬的。
量產型飛機的機頭裝備有一門37公厘機砲和四挺
12.7公厘機槍，提供集中的重型火力。閃電式機第

護航戰鬥機

P-38J為閃電式機帶來了新的生命，特別是在1943
年美國陸軍航空隊B-17和B-24轟炸機在歐洲展開日
間空襲期間。然而到了1944年，隨著P-51投入作戰
的數量增加，P-38J和更強大的P-38M開始用於對
地攻擊任務。

P-38L規格

乘員：1

機身長：11.53公尺

翼展：15.85公尺

飛機空重：5806公斤

發動機：2具艾里遜V-1710-111／113直列活塞
　　　　引擎

最高速度：高度7620公尺時667公里/小時

武裝：1門20公厘機砲、機鼻4挺12.7公厘機
　　　槍，外加2枚726公斤（1600磅）炸彈或
　　　10枚70公厘火箭彈

「火車頭大隊」

這架P-38J-15隸屬駐金斯克利夫（Kingscliffe）
的第20戰鬥機大隊第55戰鬥機中隊。由於其破壞
鐵道火車的戰果，該單位被稱為「火車頭大隊」
（Loco Group）。第55中隊在尾翼上使用三角形
作為中隊標誌，尾梁上的英國皇家空軍樣式字母
代碼也是該中隊特徵。

一架澳洲皇家空軍第一照相偵察部隊的閃電式照相偵
察機。澳洲皇家空軍最初只接收到兩架F-4，隨後又有
第三架交付作為消耗替換機。

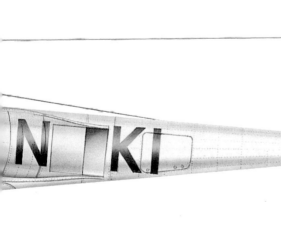

P-38J

P-38J與之前的P-38H大體相似，但在2970架該型
機的生產過程中引入了許多細節變化。P-38J於
1943年8月首次服役，並用於對歐陸中心的長程穿
透攻擊任務。

15

一個完全投入服役的機型是P-38D，它在日本偷襲珍珠港期間開始在美國陸軍航空隊中隊服役。1941年12月，英國皇家空軍訂購的138架飛機中的第一架開始抵達英國。經過評估，英國取消了訂單，原因是美國持續禁止渦輪增壓器出口，而這會對飛機性能產生不利影響。

下一個量產機型是美國陸軍航空隊使用的P-38E，主要改變是將原來的37公厘機砲改換20公厘機砲。與此同時，P-38F是一種戰鬥轟炸機，在機翼下方的掛架可提供最高907公斤（2000磅）的載彈量。P-38F於1942年中期開始在歐洲和北非的戰鬥機群中服役。儘管它與德國空軍戰鬥機的最初戰鬥表現令人失望，但它在突尼斯戰役最後階段的地面攻擊表現出色。緊隨其後的是P-38G，僅機載設備略有變化。

增加的炸彈負載

隨著P-38H的出現，閃電式機作為戰鬥轟炸機的實用性得到了提升，它可以攜帶包括主翼下一對726公斤（1600磅）的武器，共計高達1452公斤（3200磅）的炸彈。在螺旋槳後部的散熱器上配備了深「下巴」（chin）整流罩的P-38J，則是共生產了2970架。其他變化包括藉由外掛油箱增加燃料容量，飛機在滿油情況下的續航時間增加到12小時左右。P-38J也是二戰美國頂尖空戰王牌理查德·邦（Richard I. Bong，1920～1945）少校的座機，他的40次空戰勝利紀錄大部分是駕駛P-38J取得的。P-38J擁有護航任務所需的續航力，可以執行1943年期間伴隨美國陸軍航空隊B-17和B-24轟炸機從英國基地飛越歐洲的護航任務。然而，一旦P-47和P-51於1944年在歐洲和地中海戰區大量投入作戰

無塗裝金屬色

到1944年中期，大多數在歐洲作戰的美國陸軍航空隊的戰鬥機已經脫下橄欖色／中性灰色機體塗裝，轉而採用無塗裝金屬蒙皮色。這在戰鬥中提供了稍微更快的速度。單位標記仍保留在機身上。從1944年2月起，第20戰鬥機大隊開始接收無塗裝金屬色的P-38。

輕型轟炸機

雖然這架P-38J配備了標準的「戰鬥機」機鼻，但許多J型機也被改裝用於執行輕型轟炸機任務，為此它們在中央機艙安裝了一個替代的玻璃機鼻供轟炸手使用。安裝轟炸雷達是執行該任務的另一種選項。

額外燃料

在P-38J-5及之後的型號上，先前由機翼前緣中間冷卻器占據的空間，現在可容納兩個額外的208公升副油箱，使得內部總燃料容量增加到1552公升。

P-38H引入了升級的1425馬力V-1710-89／91引擎。該型機還使用了自動滑油散熱器襟翼，以解決引擎過熱的問題。在其他方面，P-38H與P-38G基本相同，儘管它使用的是B-33而不是B-13渦輪增壓器。

後，閃電式機便再次將地面攻擊任務放在首位。

閃電式機的戰時最終機型是P-38L，也是最多產的機型。與P-38J相比，P-38L的唯一差異在於採用了V-1710-111／113引擎代替之前使用的-89／91引擎。兩種機型都廣泛用於地面支援任務，更強大的P-38L被改裝成在機翼下攜帶10枚70公厘火箭彈。P-38L也是1944年下半年向德軍投擲燃燒汽油彈的第一架盟軍飛機。

除了戰鬥機和戰鬥轟炸機型，閃電式機在照相偵察方面也表現出色。改裝的F-4和F-5照相偵察機在歐洲和遠東都被廣泛使用。另一個小眾任務涉及擔任「領隊機」的雙座P-38，該機搭載投彈手和諾頓投彈瞄準具，在單座戰鬥轟炸機編隊之前飛行。進一步的改良包括加裝用於全天候轟炸空襲的雷達。閃電式各機型的生產量達9394架。

霍克颶風式戰鬥機

颶風式機（Hurricane）是1940年不列顛之戰期間最成功的英國戰鬥機。儘管很快被超級馬林噴火式戰鬥機取代，但它一直服役到戰爭結束，並擔任過夜間戰鬥機和反戰車飛機等多種角色。

颶風式機是英國皇家空軍的第一種單翼戰鬥機，也是第一架最高時速超過483公里/小時的戰鬥機。由西德尼‧坎姆（Sydney Camm，1893～1966）設計，原型颶風式機於1935年11月6日首次飛行，並於1937年12月進入英國皇家空軍服役。最初的颶風Mk I由一具1030馬力的勞斯萊斯梅林II引擎提供動力，配備八挺7.7公厘機槍。在1940年夏天的不列顛之戰期間，颶風Mk I是英國皇家空軍的主力戰鬥機，摧毀的敵機數量超過所有其他防禦系統的總和。雖然不是當時最快的戰鬥機，但颶風式機出色的敏捷性和能承受巨大戰鬥傷害的能力在戰鬥中彌補了這一點。

接著服役的是颶風Mk IIA，由1280馬力的梅林XX引擎提供動力，並在1940年底前配發各中隊。類似的颶風Mk IIB與其不同之處在於配置了12挺7.7公厘機槍，而颶風Mk IIC則於1941年投入使用，配備四門20公厘機砲。Mk II還可以攜帶多達兩枚227公斤（500磅）的炸彈，以充當戰鬥轟炸機一角。

金

金（E.B. King，1911～1940）少校駕駛的第249中隊颶風Mk I。1940年8月16日，當他的分隊自博斯科姆唐（Boscombe Down）起飛後，在南安普敦遭遇了Bf 109機群。儘管他的飛機嚴重受損，金還是設法飛回博斯科姆唐迫降，本人沒有受傷。

颶風Mk IIC規格

乘員：1	
機身長：9.75公尺	
翼展：12.19公尺	
飛機空重：2631公斤	
發動機：1具勞斯萊斯梅林XX活塞引擎	
最高速度：高度6705公尺時546公里/小時	
武裝：4門20公厘機砲，外加2枚227公斤（500磅）炸彈（攻擊機型）	

作為越來越多仍可飛行的颶風式戰鬥機之一，這架颶風Mk I（R4118）於1940年8月新交付給位於德雷姆（Drem）的第605（沃里克郡，Warwick）中隊。在不列顛之戰期間，它從克羅伊登起飛執行了49架次作戰任務並擊落了五架敵機。它現在由英國的颶風遺產飛行俱樂部保存擁有。

機槍武裝

在不列顛之戰中配備颶風的步槍口徑機槍被發現對德國空軍轟炸機的自封油箱無效。就其結果，包括颶風Mk IIC在內的英國戰鬥機很快就配置了機砲武裝。

不列顛之戰

不列顛之戰於1940年7月開始，當時英國皇家空軍裝備了至少26個中隊的颶風式戰鬥機，相比之下，噴火式機有17個中隊；布倫亨式機有八個中隊；無畏式機有兩個中隊。

在歐洲戰區，颶風Mk II直到1943年仍在前線單位使用。然而，在遠東戰區，該機一直在前線使用到戰爭結束。作為專業的反戰車機型，於1942年推出的颶風Mk IID配備了一對40公厘反戰車機砲，在北非戰區用於擊毀戰車並取得顯著的成功。

颶風Mk II也是主要的夜間戰鬥機型，在戰爭初期補強了雙引擎布里斯托布倫亨式（Blenheim）夜間戰鬥機所執行的任務。除了本土防空外，颶風式機還在被占領的歐洲上空執行夜間攻擊任務。除了消光黑色油漆塗裝外，執行夜間戰鬥機／攻擊機任務的颶風式機與其日間戰鬥機並沒有什麼不同。

作戰單位

P3059機是不列顛戰役中典型的颶風Mk I，1940年8月期間隸屬第501（格洛斯特郡，Gloucester）中隊。1940年6月至9月期間，該中隊分別在克羅伊登、中瓦洛普（Middle Wallop）、格雷夫森德和肯利（Kenley）等地執行任務。

多功能主翼的導入誕生了颶風Mk IV，它可以攜帶多達八枚27.2公斤（60磅）火箭彈或任何由颶風Mk II攜帶的外掛武裝，包括炸彈和可拋副油箱。

分布在英國和加拿大（颶風Mk X、XI和XII）的工廠共生產了14,321架颶風式機。

海颶風式機

生產總量包括皇家海軍的海颶風式機（Sea Hurricane），它首先在改裝商船上以彈射器發射的形式出戰。後來又配備了彈射器和著艦捕捉鉤裝置，用於在航空母艦上服役。

首型的海颶風Mk IA有彈射線軸，以備敵機出現時從商船上彈射接戰，由於無法著艦的緣故，所以飛行員之後可能會面臨不得不跳傘落海的情況。海颶風Mk IB增加了用於航艦操作的甲板捕捉鉤裝置。少量完成的海颶風Mk IC，其主翼配備了四門20公厘機砲。在配置梅林XX引擎後，海颶風Mk IIB是標準的機槍武裝戰鬥機，而海颶風Mk IIC則是配備機砲機型。

第一批海颶風式機於1941年2月投入服役，且該型機主要在北極和地中海戰區服役直到1943年。

格羅斯特製造

此架飛機由格羅斯特公司根據分包合約製造，是從一開始就配備羅托（Rotol）螺旋槳公司恆速螺旋槳之批次量產飛機的一部分。它們於1940年5月開始交付給英國皇家空軍的戰鬥機中隊，在不列顛之戰期間運交工作仍在繼續。

梅塞施密特 Bf 109

儘管從1941年底開始，福克-伍爾夫Fw 190的補充數量越來越多，但Bf 109在整個二戰期間仍是德國空軍單座戰鬥機部隊的骨幹。它還作為德國空軍頂尖王牌飛行員們的常用座機，包括有史以來戰績最高的戰鬥機王牌埃里希·哈特曼（Erich Hartmann，1922～1993）。

梅塞施密特Bf 109的發展與1930年代中期德國建立現代化的強大德國空軍同時進行。威利·梅塞施密特（Willy Messerschmitt，1898～1978）先前完成了具備封閉式座艙及可收放起落架的Bf 108懸臂式低單翼機，之後他所設計的Bf 109單座戰鬥機原型機，擊敗了阿拉度Ar 80、福克-伍爾夫Fw 159和漢克（Heinkel）He 112等競爭者，被選為德國空軍制式戰鬥機。Bf 109原型機最初於1935年5月28日首飛，由一具695馬力的勞斯萊斯紅隼引擎提供動力。第二架原型機導入了最初專為它設計的610馬力容克斯Jumo 210A引擎。

預量產原型機用於試驗一系列不同的武器選擇。這些飛機中最初的三架為Bf 109A，其餘則作為即將推出的Bf 109B的原型機。Bf 109B的早期型包括：配備635馬力Jumo 210D引擎的Bf 109B-1，以及配備640馬力Jumo 210E（後來被670馬力Jumo 210G取代）的Bf 109B-2。

1937年初，第一架Bf 109B-1開始交付給德國空軍的第132「里希特霍芬」戰鬥機聯隊。Bf 109在西班牙內戰中首次參加戰鬥，於1937年夏天開始在派駐西班牙的德國禿鷹軍團服役。在使用增壓器的戴姆勒-賓士DB 601重新設計後，Bf 109還被

Bf 109G-6規格

乘員：1	
機身長：9.02公尺	
翼展：9.92公尺	
飛機空重：2700公斤	
發動機：1具戴姆勒-賓士DB605A活塞引擎	
最高速度：高度7000公尺時623公里/小時	
武裝：2挺13公厘機槍、機鼻1門30公厘機砲、翼下2門20公厘機砲	

早期的Bf 109F可以透過其圓形翼尖和有角度的起落架艙來區分。在俯衝方面，Bf 109F的速度優於英國皇家空軍的噴火Mk V。該機型在入侵蘇聯期間是德國空軍單座戰鬥機武力的先鋒。

發動機

Bf 109E-4由DB 601a十二缸倒V型引擎提供動力，採用缸內直噴供油。此功能使Bf 109在進行負G機動的情況下，不致造成引擎熄火。

MG FF機砲

儘管Bf 109E的20公厘MG FF機砲只有各60發子彈，但每發砲彈的威力比它在法國戰役和英國戰役中遇到的英國戰鬥機步槍口徑子彈都還要大。

赫爾穆特 · 威克

德國空軍王牌飛行員赫爾穆特 · 威克（Helmut Wick，1915～1940）少校於1940年10月駐紮博蒙勒羅歇的第2戰鬥機聯隊第1大隊駕駛的Bf 109E-4。1940年11月28日，他駕駛這架飛機於懷特島被擊落失蹤。當時他已是第2戰鬥機聯隊聯隊長，但他的座機機身仍保留之前指揮的第3中隊標誌。

用來獲得世界陸地飛機的速度紀錄，當時的計速為
610.55公里/小時。

　　Bf 109B由Bf 109C-1接續，配備700馬力Jumo
210Ga引擎，武器從三挺機槍增加到四挺。Bf 109D
是第一個引入DB 601D引擎和直接燃油噴射的量產
機型，武器裝備變化包括兩挺機槍和一門槳轂發射
機砲。戰鬥轟炸機和偵察機型則是於1940年生產，
而Bf 109E也在不列顛之戰期間開始大規模服役。

　　下一個生產機型是Bf 109F，最初由DB 601N
引擎提供動力，後來由DB 601E提供動力。其他新
增功能包括一氧化二氮動力提升裝置、射速更快的
15公厘機槍和可選的翼下機槍莢艙。Bf 109E和Bf
109F也在1941～42年間增裝了熱帶設備並且在北
非服役。

多產的「G系列」

　　Bf 109G由DB 605引擎提供動力，從1942年到
戰爭結束，它在德國空軍的所有前線服役。生產
數量最多的系列Bf 109G引入了各種不同的武器選
項，包括30公厘機砲，並具有機艙增壓選項。也許
G系列的終極衍生型是Bf 109G-10，它也是最快的
機型，時速可達690公里/小時。

　　Bf 109中最後一批量產的是Bf 109K，由增壓
DB 605提供動力。其他機型包括翼展增加的Bf
109H高空戰鬥機，和設計用於在德國流產的齊柏
林伯爵號（Graf Zeppelin）航空母艦上服役的艦載
型Bf 109T。

　　Bf 109到生產結束時，已經建造了33,000多
架。正是Bf 109的實用性使其在二戰後仍於前線服
役多年。除德國生產外，Bf 109還授權西班牙的希
斯潘諾-蘇莎飛機製造廠生產，被稱為HA-1112，直
到1965年仍在西班牙空軍服役。此外捷克也在戰後
繼續生產捷克版的Bf 109阿維亞（Avia）S-199，它
也是以色列空軍獲得的第一種戰鬥機，並在1948年
的以阿戰爭期間參加了戰鬥。

「非洲之星」
這架Bf 109F-4由漢斯-約阿
希姆‧馬賽（Hans-Joachim
Marseille，1919～1942）駕
駛，他在1942年9月30日於阿
拉曼以西陣亡前，成功取得
了158次空戰擊墜勝利。馬賽
曾在一天內擊落14架（另有
一說17架）敵機。馬賽擊落
的西方盟軍飛機數量無人能
出其右。

E-7型的改良

Bf 109E-7在1940年8月的不列顛之
戰中被引入德國空軍服役。該機特
點是改良的燃油系統和機腹下方的
可拋式副油箱。額外的燃料意謂著
這架飛機非常適合為日間空襲英國
的轟炸機提供護航支援。

伊留申 IL-2

IL-2攻擊機（Shturmovik，暴風鳥）是有史以來建造數量最多的戰機，因力助扭轉東線戰局而著稱，並隨著紅軍發動進攻直到攻抵柏林的名機。IL-2引入了攻擊機的概念，強調對地面攻擊和反戰車功能，而被證明影響深遠。

IL-2靠著整合結構強度、耐用性、裝甲保護和重武裝，將其投入戰鬥以專門支援地面部隊的戰術，確保了它成為東線戰場中的決定性武器。儘管其他國家先前也曾經嘗試部署近接支援飛機，但伊留申（Ilyushin）的設計可能是第一個提供了必要的屬性平衡以成功完成此任務的先驅。

攻擊機的開發始於1930年代後期，由謝爾蓋‧伊留申（Sergey Ilyushin，1894～1977）領導的團隊負責。一開始，這架飛機最初被稱為TsKB-55或BSh-2，以裝甲外殼為基礎構成機身結構的組成部分，為其兩名機組人員、引擎、散熱器和油箱提供保護。然而，在早期階段，蘇聯軍方不相信雙座攻擊機的實用性而拒絕雙座設計，僅繼續開發單座機型。於是有了TsKB-57的出現，飛行員坐在一個凸起的座艙整流罩下方。動力裝置是一具1700馬力的米庫林AM-38引擎。TsKB-57的其他變化包括以兩門20公厘機砲取代機翼上原有四挺機槍中的兩挺。第一架原型機於1940年10月12日試飛。

原型機評估工作在1941年6月德國入侵前三個月完成，當時該飛機已作為IL-2全面生產。最初交

飛行面

大多數早期的IL-2將全金屬機翼、尾翼、控制面與木製垂直尾翼結合在一起。然而，有些飛機採用了木製外翼和尾翼結構。1943年初在史達林格勒上空投入作戰時，主翼的後掠角增加到15度，這種修改的目的是減少阻力。

內置炸彈

IL-2可外掛和內置投放式彈藥，包括每個機翼中的兩個炸彈艙，為一對可由飛行員手動打開的艙門所覆蓋。每個彈艙通常攜帶100公斤（220磅）高爆通用炸彈。

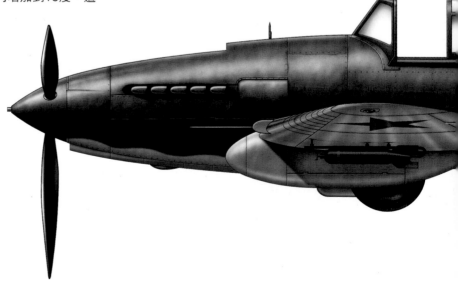

IL-2最初是以單座形式部署，而被證明非常容易受到來自後方的攻擊。為提供IL-2後部防禦武器的最初努力，包括對後機身進行現場野戰改裝，在後機身上為射手開一個切口並設置了帆布座椅，其上裝有12.7公厘UBT機槍。

IL-2M3規格

乘員：2	
機身長：11.65公尺	
翼展：14.6公尺	
飛機空重：4525公斤	
發動機：1具米庫林AM-38F直列活塞引擎	
最高速度：高度1500公尺時410公里/小時	
武裝：機翼中的2門23公厘機砲和2挺7.62公厘機槍、後座射手使用1至2挺12.7公厘機槍，外加4枚100公斤炸彈或火箭彈	

付於1941年5月。與TsKB-57相比，早期生產的飛機為飛行員提供了額外的保護。

儘管在德軍入侵開始時只有249架飛機在役，但IL-2將繼續投入服役且數量龐大：最終各機型總產量為36,163架。然而，早期的作戰損失和缺乏戰鬥機掩護，使得當局在1942年2月重新審視最初的雙座配置概念。

機體強化

從1944年開始，IL-2M3配備了全硬鋁機身結構，比早期機型的木製硬殼後機身堅固得多。硬鋁機型具有四個鋼材強化結構，在成為生產飛機的標準之前，這些強化結構先以野戰改裝權宜之計引入。

改良型IL-2

　　IL-2M在加長的座艙罩下增加了一名後射手。在1942年3月進行了兩次改裝測試後，該型機於當年9月開始服役。其他變化包括：使用更重型的23公厘機砲武裝替換原本的20公厘機砲，空氣動力方面的改進以及更強力的AM-38F新引擎。

　　到1943年初的史達林格勒會戰時，新型的IL-2-3型（或IL-2M3）已經投入使用。它具有重新設計的機翼，主翼外前緣後掠15度角，大幅提高飛行性能及操控性。此型機將成為IL-2系列中數量最多的飛機。

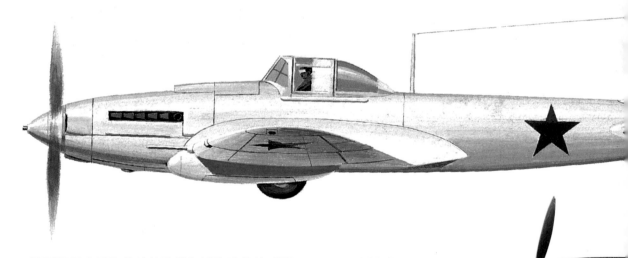

　　戰爭過程中引入的其他改裝包括修改後的武器裝備，例如可裝載200枚中空成型裝藥反戰車小炸彈的彈藥筒。數量相對較少的飛機被改裝為專用的反戰車飛機，在IL-2M3主起落架外側的整流罩中配備了一對37公厘機砲。

　　蘇聯海軍航空隊也使用專為其發展的IL-2T魚雷轟炸機。

　　到歐戰結束時，IL-2也被捷克和波蘭部隊使用，並且在戰後與蘇聯和各盟國一起經歷了漫長的戰後服役生涯。在戰爭期間，曾嘗試重新設計IL-2

後座射手

IL-10的裝甲座艙設置得更緊緻，射手配有一門20公厘機砲而非機槍，安裝改進後的射手位置配有透明圓頂整流罩。在早期的IL-2上，後射手的透明整流罩經常在作戰行動中被拆除。

改良的IL-10

與IL-2相比，IL-10的外型更為乾淨俐落，且在機身形狀、結構和系統方面也有顯著差異。機身改進更深度化，流線型更好。雖然它更重，但IL-10的主起落架結構較為簡單，單輪柱和機輪可以旋轉平放收入機翼內。

引擎，包括在重新設計的前機身中試驗性安裝M-82星型引擎。進一步改進了基本設計的IL-8不同之處在於，使用米庫林AM-42引擎和新主翼、水平尾翼以及與機身相結合的起落架。進一步的改良是IL-10，雖然外型上類似，但實際上是一個全新的設計，它也被捷克授權生產為阿維亞B-33，並在韓戰中為共產陣營作戰。

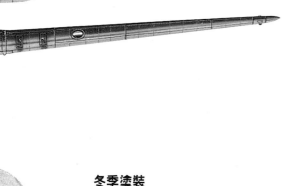

冬季塗裝

這架早期型IL-2仍缺少後射手的配置，且已經完成臨時冬季塗裝，藉以在雪地機場操作時提供更好的偽裝。當在東線更原始的簡易機場進行作業時，這些塗裝很快就風化和變髒。

可能是1942年從東線前線基地出發執行作戰任務的IL-2機群。雖然這些飛機大多數是早期配備20公厘ShVAK機砲的單座飛機，但前景中的飛機配備了23公厘VYa機砲——裝有比ShVAK機砲更長的砲管。

P-47 雷霆式戰鬥機

只有傑出如二戰中美國陸軍航空隊的最佳單座戰鬥機P-51野馬式機才能與之匹敵，P-47雷霆式機（Thunderbolt）是戰爭中最重型的戰鬥機之一，可以攜帶強大的攻擊性武器，執行對地攻擊及護航任務。

P-47雷霆式戰鬥機代表了由亞歷山大·塞維爾斯基（Alexander Seversky，1894～1974）設計的共和（Republic）P-43星型引擎戰鬥機的進一步發展，由亞歷山大·卡特維利（Alexander Kartveli，1896～1974）領導的團隊開發而成。原型機XP-47B於1941年5月6日首飛，使用2000馬力的普惠R-2800引擎，且機身後部裝有排氣驅動的渦輪增壓器。武裝包括機翼上的八挺12.7公厘機槍。

最初量產機型是P-47B，共生產了171架。與

原型機相比，僅進行了細微的改進，最高時速可達691公里/小時。1943年1月，P-47B隨美國陸軍航空隊抵達英國，4月初第56和第78戰鬥機大隊開始為B-17轟炸機執行護航任務。早期型雷霆式機被證明對戰鬥損傷具有很強的抵抗力，但在敏捷性和爬升率方面乏善可陳。接下來的P-47C不同之處在於採用了加長的機身，並在機身下方提供了一個568公升的外掛可拋油箱。

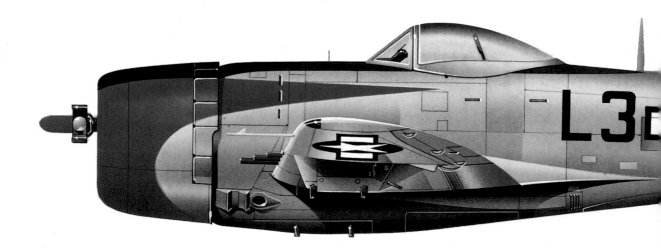

戰後P-47

這架配備背鰭的P-47D-30在二戰結束後立即在被占領的德國服役。操作單位是派駐該國北部諾德霍爾茨的第406戰鬥機大隊第512戰鬥機中隊。

P-47D規格

乘員：1

機身長：11公尺

翼展：12.42公尺

飛機空重：4536公斤

發動機：1具普惠R-2800-59星型引擎

最高速度：高度9145公尺時689公里/小時

武裝：8挺12.7公厘機槍，外加翼下2枚454公斤
（1000磅）炸彈或6枚70公厘火箭彈

P-47N原型機，是所有戰時雷霆式機中最快、最重的機型。P-47N機翼配備八挺機槍，能夠攜帶大量炸彈和火箭彈，非常適合執行對地攻擊任務，並在太平洋地區廣泛服役。

多項改良

P-47進行了一系列改良，包括改進的引擎、更好的渦輪增壓器、強化的座艙裝甲，以及在飛機裝載大量炸彈時不會在粗糙跑道上爆裂的多層輪胎。

433373

A

D型機

P-47D是主要的生產機型，首機於1942年12月試飛。它由2300馬力（或啟用噴水加力系統時為2535馬力）的R-2800-21W星型引擎提供動力。

「水泡型」座艙罩

P-47D是第一款在後來各機型皆採用縮減後機身和「水泡型」座艙罩的雷霆式機。P-47D是主要的量產機型，共生產了12,606架，其他改變包括噴水加力系統。除了從英國起飛，最初執行轟炸機護航任務之外，P-47D還在地中海和遠東戰區進行了戰鬥。在執行了一年左右的戰鬥機護航任務後，雷霆式機開始適應對地攻擊的角色。P-47D是第一個提供攻擊性任務的機型，其機翼下機架能夠攜帶一對474公斤（1000磅）炸彈，以及中線可拋油箱。後期生產的P-47D其可攜載攻擊武器增加到1134公斤（2500磅），包括多達10枚127公厘火箭彈。P-47D最初被用於第348戰鬥機大隊的對地攻擊任務。該部隊駐紮在澳大利亞，以雷霆式機向新幾內亞的日軍目標進行攻擊。隨後雷霆式機交付給在英國和地中海的美國第9和第15航空軍。

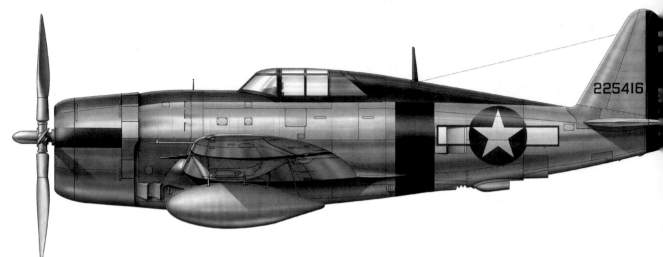

「剃刀背」（上）

P-47C和早期的P-47D具有「剃刀背」（razorback）機身，早期的D型機在外觀上幾乎與P-47C-5相同。然而，它具有各種內部改進以及重新設計的渦輪增壓器排氣管、引擎附加艙更動和一副闊葉螺旋槳。

主翼機槍

機翼中的八挺機槍交錯排列。即使缺乏機砲的破壞力，這些可靠的12.7公厘武器依舊提供了良好的火力。在某些情況下，它們甚至可以用來摧毀敵軍戰車。

在英國皇家空軍服役的雷霆式機，在緬甸有至少16個中隊配備了此型戰鬥機。英國皇家空軍採用的P-47B稱為雷霆Mk I，P-47D則是雷霆Mk II，共交付826架。在此戰區開發的近接支援戰術包括在「排班」巡邏中使用霹靂式機，這為第14軍團在向仰光推進時提供了空中支援。從1944年中期開始，隨著P-51交付速度加快，P-47從護航任務轉變為對

地攻擊任務，並在盟軍在歐洲西北部登陸後脫穎而出。作戰發起日（D-Day）之後，P-47成為盟軍地面部隊熟悉的景象，提供了近接空中支援。盟軍入侵義大利後，也有類似的任務。此型飛機的每次任務損失率僅0.7%，令人印象深刻。

為了解決P-47相對缺乏直線性能的問題，共和飛機公司開發了P-47M，這是一種「衝刺」機型，

第361戰鬥機大隊第376戰鬥機中隊的P-47D。第361大隊是最後一支加入駐英國作戰的第八航空軍的P-47大隊。在1944年1月至1945年4月期間,該大隊執行了441次任務,其中大部分是護送日間轟炸空襲機群飛越被占領的歐洲上空。

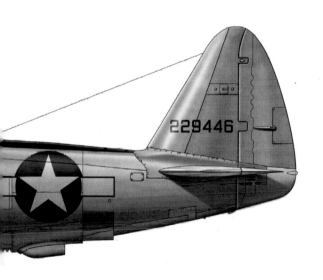

「水泡狀座艙罩」(左)

從P-47D-25開始,剃刀背機身讓位於新的淚滴型座艙罩,從而定義了未來機型的形狀,並大大提高了座艙的可見視野。同時,外掛副油箱的研製也提供了更大的續航能力。

利用改良的渦輪增壓器,能在高度9755公尺時將最高速度提升到762公里/小時。P-47M於1944年底開始向歐洲戰區部隊交付。

P-47M針對歐洲戰區進行了優化,而P-47N則專用於太平洋地區。此型機的特點是帶有鈍尖翼端的擴大機翼和增加的燃料容量。總共完成了1186架P-47N,而這些飛機在1945年對日本本土的空襲中被用作B-29的護航機。

直到生產結束時,總共完成了多達15,675架的各型P-47。

儘管雷霆式機未享有如野馬式機般的戰後漫長服役生涯,仍在美國空軍服役一段時間(自1948年成為F-47),後來在空軍國民兵服役,於1955年退役。此後,它仍被以拉丁美洲為主的各國使用。

F-4 幽靈II式戰鬥機

F-4幽靈（Phantom）II式可能是冷戰期間的最佳全能戰鬥機：真正的多用途戰機，可以承擔艦隊防空、核子打擊和低空偵察等多種任務，並在越戰和中東戰爭中表現出色。

幽靈II式一開始是設定作為一種雙引擎全天候艦載戰鬥機，以取代在美國海軍服役的F3H惡魔式機（Demon）。相關設計研究於1953年9月啟動，但隨著海軍對F8U十字軍式機（Crusader）感到滿意，麥克唐納（McDonnell）公司重新完成了可執行艦載攻擊任務的新設計。1955年7月，計劃再次發生變化，開發團隊被指示將飛機重新設計為全天候攻擊戰鬥機。1955年7月的合約需求包含兩架YF4H-1原型機，其中第一架於1958年5月27日進行首飛。

幽靈II式立即展示了巨大的潛力，並被美國海軍訂購為F4H-1，且於1962年9月重新命名為F-4A。

最初的艦載機型是F-4B，共生產了649架，其中包括12架F-4G飛機（首次使用該名稱），並配備了改進的無線電設備。F-4B於1962年8月首次部署，成為美國海軍和海軍陸戰隊的標準全天候戰鬥機，其火力的核心是APQ-72雷達和雷達導引的AIM-7麻雀空對空飛彈。

美國空軍的幽靈II式

這架飛機也引起了美國空軍的興趣，美國空軍最初訂購的型號為F-110A。機型編號系統的變化意謂著這架飛機作為F-4C服役，這是美國海軍F-4B的最小幅變化版本，配備APG-72雷達。隨後的F-4D

米格殺手

這架F-4J由美國海軍第96戰鬥機中隊飛行員蘭德爾·康寧漢（Randall Cunningham）和威廉·德里斯科爾（William P. Driscoll）中尉於1972年5月10日駕駛，當時他們使用三枚響尾蛇飛彈擊落了三架北越米格機。幽靈式機隨後被地對空飛彈擊落。

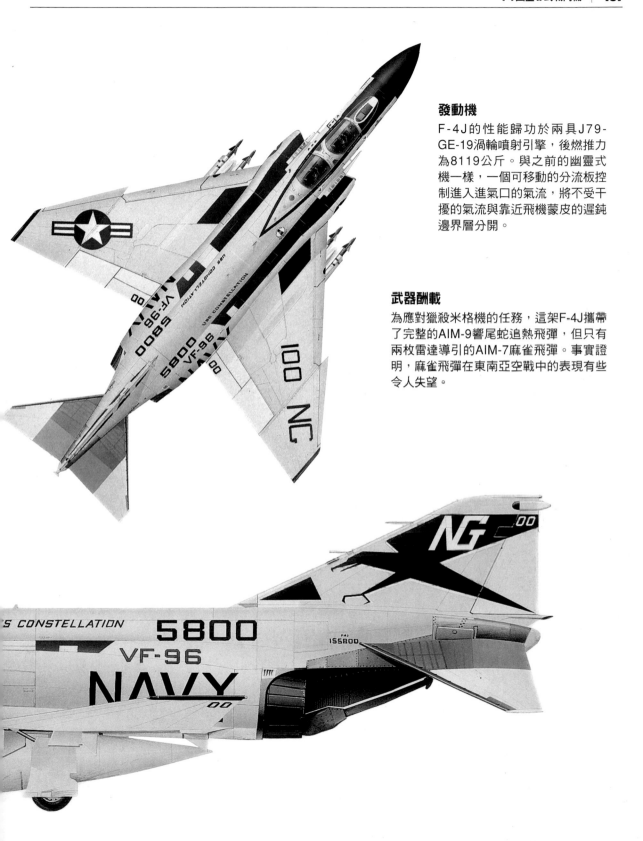

發動機

F-4J的性能歸功於兩具J79-GE-19渦輪噴射引擎，後燃推力為8119公斤。與之前的幽靈式機一樣，一個可移動的分流板控制進入進氣口的氣流，將不受干擾的氣流與靠近飛機蒙皮的遲鈍邊界層分開。

武器酬載

為應對獵殺米格機的任務，這架F-4J攜帶了完整的AIM-9響尾蛇追熱飛彈，但只有兩枚雷達導引的AIM-7麻雀飛彈。事實證明，麻雀飛彈在東南亞空戰中的表現有些令人失望。

更符合空軍的要求，並配備了具有附加攻擊模式的APG-109A雷達。

在冷戰的大部分時間裡，美國軍方的主要戰術偵察機為RF-4系列，首先問世的是美國海軍陸戰隊的RF-4B，隨後是美國空軍的RF-4C和對外銷售的RF-4E。

隨著F-4E的引入，美國空軍的幽靈II式也得到進一步改良，包括雷達（採用固態電子技術，可容納在較小機首天線罩的APG-120）、額外內部燃料、用於提高高負載時機動性的前緣縫翼，以及對東南亞和中東空中作戰很重要的內置20公厘機砲。

配備斯貝引擎的幽靈式機

幽靈II式取得了非凡的出口成功，麥克唐納公司為採購客戶中的英國開發了供英國皇家海軍艦隊航空隊使用，稱為幽靈FG.Mk 1的F-4K，以及為英國皇家航空設計服役的F-4M（幽靈FGR.Mk 2），此兩型機均由勞斯萊斯斯貝（Spey）引擎提供動力。其他特定的外銷機型包括西德空軍的F-4F，後來被改裝成可攜帶AIM-120先進中程空對空飛彈（Advanced Medium-Range Air-to-Air Missiles, AMRAAM）。F-4EJ則是由三菱重工為日本航空自衛隊製造的機型。

美國海軍和海軍陸戰隊的最後一種新型幽靈II式是F-4J，該機型具有更強大的引擎、開槽式尾翼、下放式副翼和改進的航空電子設備，包括AWG-10射控雷達和新型轟炸系統。F-4J升級產生了F-4S，具有改良航空電子設備和前緣縫翼。F-4N則是將類似的升級項目應用在F-4B而成。

美國空軍服役的最後機型是F-4G野鼬機，這是一種專用的電子戰飛機，將感測器、電磁輻射分析儀、干擾設備與反輻射飛彈相結合，藉以鎖定並壓制敵方防空系統。

幽靈II式機共生產了5177架，該機型在東南亞和中東地區廣泛服役。2017年初，F-4仍然在希臘、伊朗、日本、韓國和土耳其的前線服役。

F-4B規格
乘員：2
機身長：17.75公尺
翼展：11.71公尺
飛機空重：12,700公斤
發動機：2具通用電氣J79-8B後燃渦輪噴射引擎
最高速度：高度14,630公尺時2390公里/小時
武裝：4至6枚AIM-7麻雀III空對空飛彈、最多4枚AIM 9B／D響尾蛇空對空飛彈、最多7257公斤（16,000磅）攻擊性武器

德國空軍偵察機型

在最高戰力時期，德國空軍擁有兩支RF-4E戰術偵察聯隊，包括配屬第2盟軍戰術空軍和駐紮萊克（Leck）的第52戰術偵察聯隊。

美國海軍陸戰隊偵察機型

美國海軍陸戰隊戰術偵察機型是RF-4B。此機隸屬海軍陸戰隊第3戰術偵察中隊。該中隊駐紮在加州埃爾托羅。在其作業生涯的後期，這架飛機使用了這種帶有低飽和度顏色國徽的低能見度塗裝。

1985年，一架美國空軍後備役F-4D在戰鬥機槍砲射擊
競賽硝煙演習（Exercise Gunsmoke）期間降落。機身
中心線下方掛載了20公厘火神機砲莢艙，以彌補F-4D
缺乏的內置機砲武裝。

RF-4B

RF-4B的外觀大體上與美國
空軍的RF-4C相似。RF-4B
於1965年3月12日首飛，它
基於F-4B機身，但增加了
一個裝有照相機、紅外線
掃描和側視雷達的偵察艙
機鼻。總共生產了46架，
其中最後12架採用了F-4J的
厚機翼。海軍陸戰隊第3戰
術偵察中隊在1990年汰除
了最後一架RF-4B。

F-86 軍刀機

北美航空工業公司的F-86因其在1950年代初期韓戰期間的耀眼主角表現而為人所銘記,它是美國第一種後掠翼戰鬥機。由於其整體設計素質如此之高,以致於直到1980年代初仍在某些地區一線服役。

軍刀機起源於美國陸軍航空隊對日間戰鬥機的開發要求,該戰鬥機還可以擔負護航戰鬥機和俯衝轟炸機等任務。

北美航空工業公司的回應是NA-140設計,最初採用平直機翼設計,並於1944年底首次簽約。然而,一旦戰爭結束時取得德國的後掠翼研究資料,XP-86原型機就進行了相應的重新配置。修改後的設計於1947年10月1日首次試飛。

新型戰鬥機很快就展示了它的潛力,在重新更換使用通用電氣(奇異)J47渦輪噴射引擎後,預量產的YP-86A在1948年4月以小角度俯衝飛行打破

F-86D規格

乘員:	1
機身長:	12.29公尺
翼展:	11.3公尺
飛機空重:	5656公斤
發動機:	1具通用電氣(奇異)J47-GE-17B或-33渦輪噴射引擎
最高速度:	1138公里/小時
武裝:	24枚70公厘空對空火箭彈

「全動式」水平尾翼

F-86E是第一型採用「全動式」(all-flying)水平尾翼的軍刀機,是以水平尾翼作為尾翼的主要控制面,可使整個穿音速飛行狀態中的飛機控制性獲得顯著改善。

武裝

F-86A、E和大多數F在機頭兩側裝備了六挺柯特-白朗寧(Colt-Browning)12.7公厘機槍。有些例外是經過特別改裝的F-86F,它們攜帶四門20公厘機砲在韓國服役。

F-86E-10

儘管最初計劃的是作為F-86F從生產線推出，但由於供應問題，F-86E-10批次已按早期標準完成。F-86E-10於1951年9月首次製造，並保留了舊的GE-13引擎，但一些飛機在大修期間換裝了新的GE-27引擎。

王牌飛行員

這架F-86E，51-2735，由威廉‧威斯納（William T. Whisner，1923～1989）少校在韓國駕駛，他曾在第51戰鬥攔截機聯隊第25戰鬥攔截機中隊服役。威斯納是二戰中15.5次擊墜數的王牌，在韓國又增加了5.5次擊墜數。

除了前線職責，多功能F-86還擔負各種支援任務。這架F-86F於1950年代中期在加州愛德華空軍基地的美國國家航空諮詢委員會（NACA）高速飛行站（HSFS）服役，並在該地作為伴隨機。

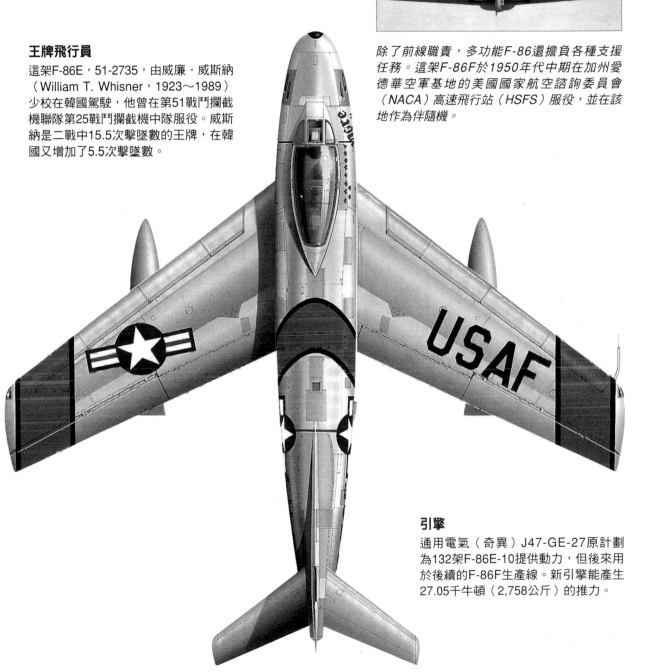

引擎

通用電氣（奇異）J47-GE-27原計劃為132架F-86E-10提供動力，但後來用於後續的F-86F生產線。新引擎能產生27.05千牛頓（2,758公斤）的推力。

在韓國復活節期間，第4戰鬥攔截機聯隊的F-86作為美國第五航空軍的背景。在韓戰初期，美國空軍的直翼F-80流星式和F-84雷射式（Thunderjet）戰鬥機在與共產陣營米格-15的空中衝突中幾乎沒有獲勝機會，很快就被軍刀機給取代了。

了音障。YP-86A於1948年5月作為P-86A首次被採用生產。僅僅一個月後，美國空軍修改了其飛機編號系統，P-86成了F-86，後來稱之為軍刀。

初始操作單位

F-86A於1949年2月編入美國空軍第一戰鬥機大隊服役，F-86A首先在韓國參戰，其主要對手是蘇聯製造的米格-15。根據美國空軍紀錄，到敵對行動結束時，F-86飛行員已經擊落了792架米格機，達成大約8:1的殺傷率。

在完成了554架F-86A後，接著生產使用全動式水平尾翼的F-86E和採用改良主翼的F-86F，這兩型軍刀機同樣也在韓戰期間活躍。

雖然通常被稱為日間戰鬥機，但事實證明，軍

軍刀VS米格

在武器裝備方面，F-86E與配備機砲的米格-15相比處於劣勢。儘管這四挺機槍提供了三秒內發射300多發子彈的連擊能力，但每一發彈頭都很輕，無法對米格機造成太大傷害。

刀機的全天候／夜間戰鬥機型F-86D產量最多，總共生產了2054架，隨後則是具有核子攻擊能力的戰鬥轟炸機F-86H（477架）。F-86K是F-86D的簡化型，主要作為外銷機型。

軍刀機的大部分成功來自外銷用戶的廣泛採用，並且在加拿大和澳洲建立了生產線。加拿大航空飛機公司（Canadair）為加拿大皇家空軍和美國盟友生產了當地的軍刀Mk 2，緊接的是軍刀Mk 4——為滿足皇家空軍的緊急戰鬥機需求製造而成，並配備了通用電氣（奇異）引擎。軍刀Mk 5配備了本土製的奧倫達（Orenda）10渦輪噴射引擎，而最終型的加拿大軍刀是配備奧倫達14的Mk 6。

澳洲軍刀機由聯邦飛機公司（Commonwealth Aircraft Corporation）負責生產，為澳洲皇家空軍生產了軍刀Mk 30和Mk 31，它們由勞斯萊斯亞文引擎提供動力，並配備30公厘亞丁機砲。軍刀Mk 32的不同之處在於它使用本地製造的引擎。

除了這些國外生產線之外，美國製造的套件還供應給義大利和日本進行當地組裝，義大利的飛雅特（Fiat）公司為國內和外銷客戶組裝了221架F-86K。在日本，由三菱重工主導的公司集團先是組裝，其後漸次於當地生產了300架F-86F和偵察構型的RF-86F。

到生產結束時，光F-86日間戰鬥機就完成了5500多架。

軍刀機的基本設計也在海軍領域取得了成功。當美國海軍和美國海軍陸戰隊發布了對直翼的北美公司FJ怒火式機（Fury）繼任機型的技術規格需求，其結果是FJ-2，該機本質上是為了服役於海軍，而進行包括能從航艦甲板上彈射和著艦之修改的F-86E。怒火式機在FJ-3中得到進一步改良，特點是機身更深且配備了更強大的萊特J65引擎。FJ-4（後稱為F-1E）是完全重新設計而成，而FJ-4B（AF-1E）被改裝成更適應對地攻擊的角色。

油箱

為了增加航程，駐韓的軍刀機經常攜掛翼下副油箱。額外的燃料使戰鬥機能夠延長在「米格走廊」（MiG Alley）戰區的持續戰鬥時間，但總是供不應求。為了增加副油箱的供應量，在日本建立了一條生產線。

擋風玻璃

F-86E-10的另一個特點是新的擋風玻璃。這是一片平光防彈玻璃，為飛行員提供了大幅改善的保護。它比之前的V型擋風玻璃更容易透視。

B-29 超級空中堡壘

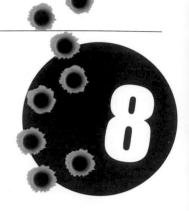

波音B-29是第二次世界大戰的終極轟炸機,永遠使人聯想到它在日本廣島和長崎這兩個城市投下原子彈的事蹟。B-29結合了許多高度先進的功能及巨大的載彈量。

值得注意的是,B-29的設計工作早在1938年就開始了,早在美國捲入衝突之前,許多人認為超級空中堡壘已經結束。在1930年代後期,波音345型是一項激進的提案:該設計設想了最先進的作戰範圍、結構負載、蒙皮厚度、防禦武器和機組人員空間。然而,直到1940年初,美國陸軍航空兵團才發布了關於新型超長程轟炸機的提案需求,波音公司遂向其提交了XB-29。

1942年9月21日,第一架原型機首飛,在前所未有的奮力製造下,到二戰結束時已經完成了2000多架B-29。超級空中堡壘的主要目標是日本本土及周邊島嶼,這些島嶼首先遭到自中國和印度空軍基地起飛的B-29空襲,隨後又被盟軍攻占,從這些離東京越來越近的島嶼展開攻擊。1944年6月5日,自印度對曼谷執行了第一次B-29任務。第一次對日本的大規模空襲是在1944年10月飛機抵達

「博克斯卡」

1945年8月9日,由駐馬里亞納群島天寧島的第509混合大隊第393超重型轟炸機中隊操作的B-29「博克斯卡」(Bockscar),由查爾斯‧斯威尼(Charles W. Sweeney,1919～2004)少校擔任機長,執行對長崎的原子彈轟炸任務。

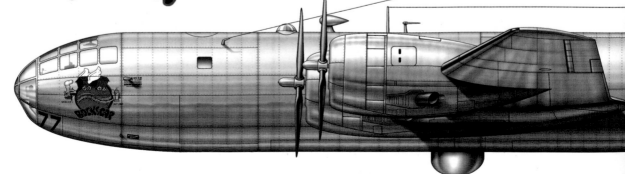

馬里亞納群島後，這些飛機部署規模增加得很快，直到在一次任務過程中可派遣多達300架飛機。

　　從1945年3月開始，B-29使用了一種新型、更具破壞性的戰術——隊形鬆散的機群在黑夜的掩護下飛行，並從低空投下燃燒彈武器。其中一些空襲造成的傷亡人數，比1945年8月6日及9日分別針對廣島和長崎的兩次原子彈襲擊還要多。在這兩次任務中，特製的B-29投下了20,000公噸原子彈，開啟了核戰時代並促使日本投降。

大規模生產

　　波音公司最終完成了3960架B-29，其次是改良型B-50，具有更強大的引擎和其他改變。雖然擁有核子武器的B-50為戰略空軍司令部提供了最初的戰後裝備，但B-29在朝鮮戰爭期間仍在使用，第22和第92轟炸機大隊的飛機於1950年7月13日開始執行飛行任務。到朝鮮半島衝突結束時，一支數量不

B-29規格
乘員：10
機身長：30.18公尺
翼展：43.05公尺
飛機空重：31,816公斤
發動機：4具萊特R-3350十八缸星型引擎
最高速度：高空時576公里/小時
武裝：9072公斤（20,000磅）炸彈加上10挺12.7機槍和1門20公厘機砲

防禦武裝

B-29配備了雙連裝12.7公厘機槍，包括四個遙控槍塔和一個載人槍塔。尾部位置還配備了20公厘機砲。

引擎

B-29由四具2200馬力的萊特R-3350系列雙旋風（Duplex Cyclones）引擎提供動力。在超級空中堡壘的早期服役階段，發動機被證明不可靠，極易著火。製造商和野戰工場最終解決了這些問題。

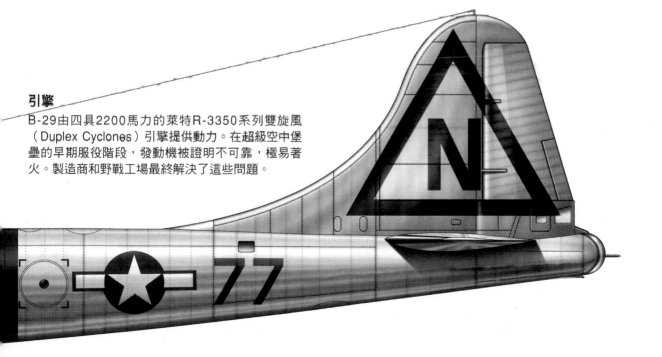

除了在戰鬥中投下的兩枚原子彈外，B-29在二戰後此類武器的發展中也發揮了重要作用。1946年7月1日，這架飛機被拍到飛往比基尼環礁以投下戰後時代的第一顆原子彈。

超過100架的B-29機隊，在21,000架次出動期間投擲了151,590公噸的炸彈。這比二戰期間超級空中堡壘部隊使用的彈藥還要多。B-50的作戰服役包括越南戰爭，但當時它已被降級為空中加油機。

三架B-29在二戰期間降落在蘇聯領土上，使作為逆向工程所仿製的圖波列夫Tu-4成為蘇聯第一架真正的戰略轟炸機。

第二線及外銷

雖然B-29A和B-29B與最初的B-29轟炸機相比只有細微的差別，但超級空中堡壘也被開發用於承擔其他任務，包括戰略偵察。RB-29和RB-29A都配備了執行照相偵察工作的裝備。另一種在韓戰期間服役的衍生型是由B-29轟炸機改裝而成的SB-29，用於執行空中／海上救援任務，配備可以用降落傘投放的救生艇。B-29D則是配備了普惠R-4360引擎

的改良機型，後來重新命名為B-50。

除了蘇聯對此型機的非官方採用外，B-29唯一真正的外銷用戶是英國皇家空軍，它以華盛頓（Washington）B.Mk 1的名稱接收了88架飛機，並以租借方式操作這些機型，直到五年後才使用本國製造的轟炸機。

飛行甲板

投彈手被安置在寬大的玻璃機鼻內，飛行員和副駕駛並排坐在他身後。飛行工程師面朝機尾，緊挨在副駕駛後面，無線電操作員面朝右舷在他身後。領航員位於左舷，在飛行員座位後面。

炸彈酬載

B-29的兩個彈艙可以分別攜帶總共20枚227公斤（500磅）炸彈，總酬載為9072公斤（20,000磅）。在這樣的酬載下，飛機的航程約為1609公里。除了高爆炸彈外，B-29還可攜帶燃燒彈乃至於原子彈。

加壓機艙

波音公司在其307型同溫層客機中率先使用加壓客艙。在B-29中，加壓的前艙和後艙由一條在未加壓彈艙上方延伸的加壓通道連接，尾砲手則是坐在一個單獨的加壓艙內。

C-47 空中列車運輸機

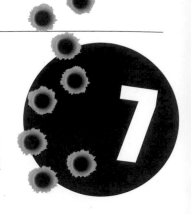

卓越的C-47——著名的道格拉斯DC-3客機的軍用型——在二戰期間成為同級的盟軍標準運輸機,至今仍在第一線服役。在這個過程中,它在東南亞的叢林、北極和南極洲的冰凍荒野等多種場景中扮演了無數角色。

C-47空中列車（Skytrain）在英國服役時獲得了為人熟知的達科他（Dakota,據說源自Douglas Aircraft Company Transport Aircraft的縮寫）之名,是道格拉斯DC-3的軍用機型,它的速度和舒適度水準使其在1930年代中期為客機設定了標準。在商業形式中,DC-3於1935年12月17日首次問世,但直到1940年美國陸軍航空兵團才下達訂單。藉由基本設計的通用性,軍用型只需要進行簡單的改裝,包括更強大的引擎、加強的後機身和機艙地板,以及提供大型卸載門。

一旦服役,DC-3的客機內部就改為機艙兩側的通用型桶形座椅,動力裝置從最初的萊特颶風（Wright Cyclones）改為普惠R-1830-92星型引擎。在最初的C-47製造了94架後,生產轉為C-47A,它增加了一個24伏特電氣系統來代替之前的12伏特系統。在生產了4931架C-47A之後,該機型被C-47B所取代,後者為其R-1830-90引擎配備了高空增壓器。C-47B生產了3241架,包

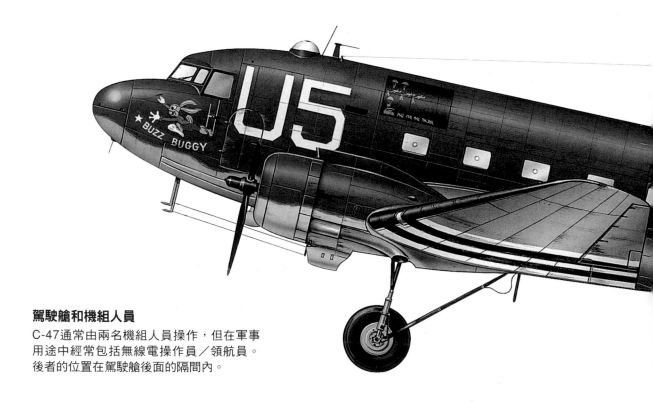

駕駛艙和機組人員
C-47通常由兩名機組人員操作,但在軍事用途中經常包括無線電操作員／領航員。後者的位置在駕駛艙後面的隔間內。

C-47規格

乘員：3

機身長：19.43公尺

翼展：29.11公尺

飛機空重：8255公斤

發動機：2具普惠R-1830-92星型引擎

最高速度：高度2591公尺時370公里/小時

武裝：無

1944年9月17日，盟軍第1空降軍團的英國傘兵正登上一架美軍C-47A，作為市場花園行動（Operation Market Garden）的一部分，空降埃因霍溫、奈梅亨和安恆。超過1500架盟軍飛機參加了這次襲擊。

貨艙門

大多數軍用C-47在後機身的左舷都有一個由兩部分組成的大型貨艙門。大門一側的小門允許部署空降部隊。空中列車的客艙地板為軍事工作而加強了承載。

方向舵

與DC-3共用的無動力方向舵具有極寬的弦長，在低速時提供出色的操控能力。這在運送部隊或傘降兵員時至關重要。方向舵本身有一個簡單的後緣配平片，用於精細操縱。

希臘的達科他

在希臘空軍服役的最後C-47機群中有這架前英國皇家空軍達科他,它在二戰後立即交付給希臘。這些C-47分別在第355中隊和其他部隊服役,並一直使用到1980年代後期。

滑翔機回收

這架C-47A-65-DL進行了修改,藉此應對已著陸滑翔機的空中回收作業。機身一側的吊鉤在飛行中放下,此時飛機僅離地面幾公尺。滑翔機的牽引繩被固定在地面上的一個臨時框架上,以便與C-47拖曳的鉤子接合。

括一些作為TC-47B機組教練機。在其他主要的戰時機型中,最重要的可能是28人座的C-53空騎兵(Skytrooper,傘兵)——一種快速重新配置的商用標準飛機,用於配發給軍事單位。到戰爭結束時,C-47的總產量達到10,048架。日本和蘇聯都獲得授權生產,從而產生了L2D零式運輸機和里蘇諾夫(Lisunov)Li-2。

戰時任務

在第二次世界大戰期間,C-47主要用於空降作戰任務,用於運送傘兵並作為滑翔機拖曳機。在後一個角色中,C-47在西西里島、緬甸、諾曼第、亞能(Arnhem)和萊茵河渡口的空降作戰中表現出色。除了在美國陸軍航空隊服役外,也常見C-47於英國皇家空軍中服役。英國皇家空軍的達科他Mk I相當於最初的C-47,而達科他Mk II相當於C-53。達科他Mk III是英國皇家空軍對C-47A的代號,而C-47的代號則是達科他Mk IV。達科他以及他們的美國空軍C-47同行在始於1948年的柏林空運中發揮了重要作用。

C-47和達科他經歷了廣泛的戰後服役生涯,在此期間其全球足跡急劇增加。在這個過程中,它可能已成為有史以來使用最廣泛的軍用飛機。在美國空軍的運用部署下,C-47參與了韓戰,並在1960年代被賦予了各種任務。在那十年當中,仍有超過1000架C-47在美國空軍服役。於美國海軍服役的

來自長灘廠（Long Beach factory）的早期生產C-47-DL空中列車，正在美國的一次訓練飛行中拖曳韋科哈德良（Waco Hadrian）滑翔機。序號41-18365機是距離照相機最近的C-47，它是長灘廠製造的第一批956架飛機之一。

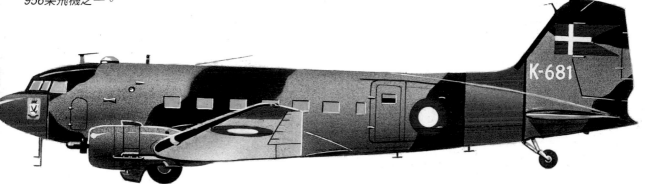

斯堪地那維亞的C-47

一架丹麥皇家空軍的C-47採用了1960年代中期第721中隊的塗裝。該中隊成立於1950年10月，由丹麥海軍航空隊和丹麥陸軍航空隊單位合併而成，負責運輸任務。

C-47則被稱為R4D。

砲艇機

從1960年代中期開始，美國對越南的介入使空中列車扮演了一個新角色——作為一種全副武裝的砲艇機，用於在夜間攔截越共補給線。1965年美國空軍推出了改裝的AC-47D砲艇機，它配備了三門7.62公釐迷你機槍，透過機身左舷的門窗發射。AC-47D的綽號為「噴火魔龍」（Puff the Magic Dragon），驗證了砲艇機的概念，隨後受到拉丁美洲各國的青睞。如今，許多倖存下來的C-47已經由巴斯勒渦輪改裝公司（Basler Turbo Conversions Inc.）重新配備渦輪螺旋槳引擎。

F6F 地獄貓式戰鬥機

享有二戰最成功艦載戰鬥機的美譽，美國海軍的地獄貓式機（Hellcat）產自格魯曼「鋼鐵廠」（Iron Works），是立基於其先驅F4F野貓式（Wildcat）戰鬥機聲譽上的又一優秀產品。

儘管F4U海盜式機享有更長的服役生涯且在許多方面更為先進，但它最初被證明不適合航艦作戰的事實，坐實了地獄貓式機成為二戰中最佳艦載戰鬥機的地位。

研製F4F野貓式機後繼機型是合乎邏輯的發展，而地獄貓式機於1942年6月26日首次以原型XF6F-3的形式出現。最重要的是，在太平洋戰區與野貓式機的戰鬥經驗納入了新戰鬥機的設計中，該戰鬥機被格魯曼公司賦予內部編號G-50。與其繼任者相比，F6F地獄貓式機最明顯的外觀變化是從中翼配置轉變為新的低翼布局。在選擇配置普惠R-2800雙黃蜂引擎之前，原型機連續測試了不同的引擎裝置。1943年初，第一架F6F-3型機開始交付隸屬於埃塞克斯號（Essex）航艦的第9戰鬥機中隊。初始量產機型的衍生型是F6F-3E和F6F-3N夜間戰鬥機，後者在右翼的流線型整流罩內裝置雷達。

戰鬥轟炸機型

下一個主要量產機型出現在1944年。F6F-5增加了攻擊武裝酬載，其中包括高達907公斤（2000

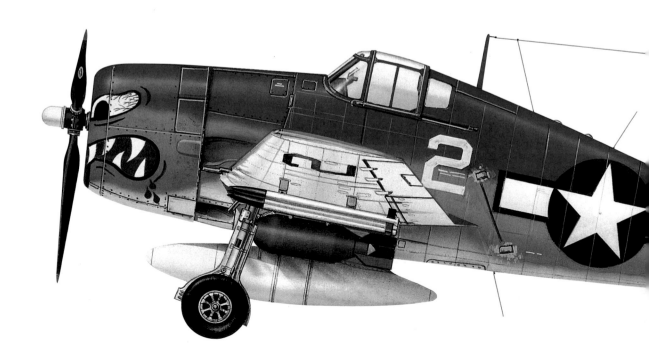

F6F-5規格

乘員：1	
機身長：10.24公尺	
翼展：13.05公尺	
飛機空重：4190公斤	
發動機：1具普惠R-2800-10W星型引擎	
最高速度：高度7132公尺時612公里/小時	
武裝：6挺12.7公厘機槍，外加2枚907公斤（2000磅）炸彈	

F6F地獄貓式機被證明是二戰期間美國海軍的傑出戰鬥機，以任何其他飛機製造計劃都無法比擬的速度進行大規模生產，並持續幫助扭轉對日戰局。

機翼下武器

這種地獄貓式機攜帶六枚127公厘火箭彈的混合酬載，安裝在機翼下方的零長度發射導軌上。每個內側掛載點都攜帶一枚炸彈。在太平洋戰爭後期，特別是在沖繩登陸作戰期間，火箭彈尤其是一種受歡迎的對地攻擊武器。

機槍武裝

標準的固定武器包括六挺12.7公厘白朗寧機槍。機槍交錯排列，每挺各配備400發彈藥。後期生產的F6F-5通常用兩門更重型的20公厘機砲替代兩挺機槍。

機身塗裝

在戰爭後期，海藍色和淺色底面的標準太平洋塗裝最終更換成全機午夜藍色，垂直尾翼上的白色數字表示個別單位。整流罩上塗繪著第27戰鬥機中隊的標誌。

磅）炸彈，以及取代主翼內側兩挺12.7公厘機槍的兩門20公厘機砲。配備雷達的夜間戰鬥機型是F6F-5N，其生產數量達到6435架。252架F6F-3和930架F6F-5分別作為地獄貓Mk I和地獄貓Mk II服役於英國艦隊航空隊。於1942年6月至1945年11月期間，地獄貓式機各機型總共生產了12,275架。

首次亮相戰鬥

1943年8月，第一個投入戰鬥的地獄貓部隊是約克鎮號（Yorktown）航空母艦上的第5戰鬥機中隊。官方數據聲稱，美國海軍和美國海軍陸戰隊的地獄貓式機在二戰空戰中，總共擊毀了5156架敵機——相當於美國海軍在戰爭中所有空戰勝利的75%左右。地獄貓式機最大的成功之一是在菲律賓海戰中的大規模航艦作戰，在此期間，15艘美國航艦搭載了480架F6F戰鬥機（加上222架俯衝轟炸機和199架魚雷轟炸機）。在為期一週的戰鬥中，第58特遣艦隊摧毀了400多架日本飛機，擊沉了三艘航空母艦。與其主要的日本敵人A6M零式戰鬥機相比，地獄貓式機的生存能力與耐力更強，能夠在戰鬥中獲勝。

數十名地獄貓式機飛行員取得了空戰王牌的地位，如美國海軍頂尖空戰王牌大衛・麥坎貝爾（David McCampbell，1910～1996）上尉在空中擊墜了34架敵機，並獲得了榮譽勳章。在1944年10月24日的一次任務中，麥坎貝爾擊落了至少九架敵機，而這位海軍「王牌中的王牌」直截了當地將地獄貓式機描述為「令人滿意的表演者和穩定的槍砲平臺」。

地獄貓式機唯一的其他戰時使用者是英國皇家海軍艦隊航空隊，用於在挪威（包括在對德國戰鬥艦鐵必制號進行打擊期間執行空中掩護任務）、地中海和遠東等地區作戰。在二戰期間艦隊航空隊在案的總共455架擊墜敵機紀錄中，地獄貓式機就占了52架。

戰後，地獄貓式機在美國海軍服役了幾年，也被改裝成無人機。至少有120架前美國海軍F6F-5和F6F-5N飛機提供給法國海軍用於印度支那，其後又於北非服役。其他戰後使用操作者則包括阿根廷、巴拉圭和烏拉圭，而最後一批繼續飛行直到1961年。

在紐約附近戰後預備役部隊基地服役的美國海軍地獄貓式戰鬥機。距離相機最近的序號79603機是同一批次所生產的3000架F6F-5之一，該型機是地獄貓式機的最後一個主要機型。F6F-5型總共建造了超過7000架。

法軍服役

法國的地獄貓式機由陸基（法國空軍）和海軍航空隊單位操作。1950年春天，海軍地獄貓式機配屬至航艦服役，取代了第1和第12戰鬥機中隊的海火式機（Seafire），並於中南半島服役直到奠邊府淪陷。

駕駛艙

地獄貓式機飛行員位在機身高處的滑動座艙罩下。飛行員受到裝甲板的良好保護，尤其是在他的後方，不過其後方象限的能見度很差。在其前方有一個用於武器瞄準的反射式瞄準具。

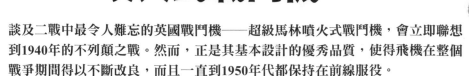

超級馬林 噴火式戰鬥機

談及二戰中最令人難忘的英國戰鬥機——超級馬林噴火式戰鬥機，會立即聯想到1940年的不列顛之戰。然而，正是其基本設計的優秀品質，使得飛機在整個戰爭期間得以不斷改良，而且一直到1950年代都保持在前線服役。

由米切爾（R.J.Mitchell，1895～1937）設計的噴火式戰鬥機，借鑒了超級馬林（Supermarine）公司為了參加施耐德盃（Schneider Trophy）而開發的水上飛機成功經驗。

噴火式機原型機於1936年3月5日首飛，其後以勞斯萊斯梅林II型引擎提供動力的噴火Mk I進入英國皇家空軍服役。武裝包括八挺機槍的噴火Mk I在1940年不列顛之戰期間與噴火Mk II一起服役，後者引入了梅林XII型引擎。1940年9月，配備兩門20公厘機砲和四挺機槍的噴火Mk IIB加入服役。在開發初期，噴火式機也應用於照相偵察任務，噴火Mk IV是執行該任務的第一個主要生產機型。

接著開發的「第二代」噴火式機是以噴火Mk V的出現為代表，它於1941年3月投入服役，並促成了令人印象深刻的生產數量——總計6479架。噴火Mk V由一具1440馬力的梅林45型引擎提供動力。衍生型包括噴火Mk VC，一種可以攜帶一枚227公斤（500磅）炸彈或兩枚113公斤（250磅）

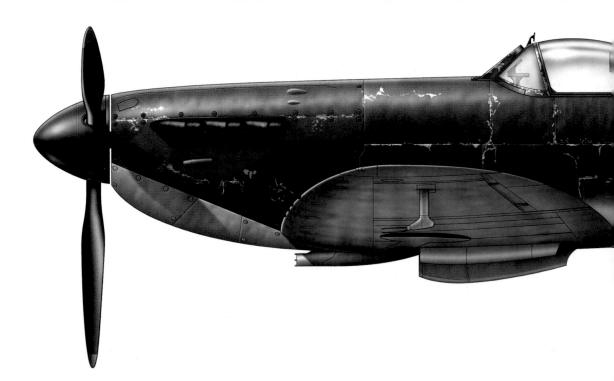

炸彈的戰鬥轟炸機。噴火Mk VB是1941年中期到1942年中期英國皇家空軍戰鬥機司令部的主力機種，該型號之後被噴火Mk IX所取代，Mk IX是Mk V的快速改裝版本，旨在容納具有兩級兩速增壓器的1660馬力的梅林61／66引擎。Mk IX共生產了5665架，使其成為僅次於Mk V的多產機型。

高空機型

雖然大多數噴火Mk VC的特點是裁短翼尖以提高低空性能，但有兩種高空飛行戰鬥機機型採取了相反的方法。為了攔截高空飛行的德國空軍飛機所開發的噴火Mk VI和噴火Mk VII，反而具有加長的翼

噴火Mk XII由1735馬力的格里芬II型引擎提供動力，高度1737公尺時的速度為599公里/小時，而且在低空具有出色的性能。與之前的噴火Mk IX一樣，Mk XII旨在對抗Fw 190。

不列顛之戰的Mk I

這架噴火Mk Ia X4250機於1940年8月首飛，並在不列顛之戰期間服役於第603中隊。1940年9月27日，它在飛行員彼得・德克斯（Peter Dexter，1918～1941）少尉的駕駛下迫降在福克斯通的海灘上。

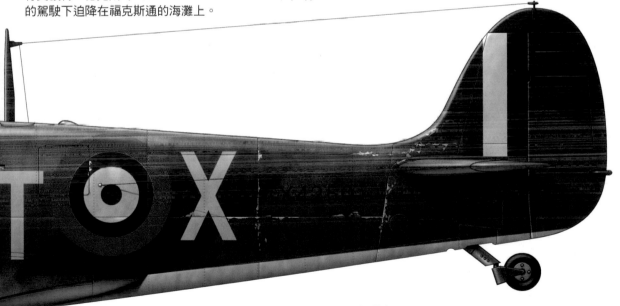

起落架

噴火式機的主起落架具有明顯狹窄的主輪間距，會使地面操作變得棘手並造成了許多事故。其競爭對手Bf 109也有同樣的特徵。

機槍武裝

噴火Mk I配備八挺白朗寧Mk II 7.7公厘機槍，其火力比配備兩門機砲和兩挺機槍的德國空軍Bf 109E還要弱。機砲曾在噴火Mk Ib進行了戰鬥中試驗，但發現容易卡彈故障。

尖。裁短翼尖的噴火Mk IX則作為LF.Mk IX用於低空作戰，並在英國、中東和遠東地區配備於至少27個英國皇家空軍中隊服役。為了進一步改良基本設計，噴火Mk VIII被引入，該機型在地中海和遠東地區廣泛服役。雖然Mk IX是從Mk V為配置梅林61／66引擎在匆忙之中改造而成的機型，但噴火Mk VIII是從一開始就打算由這種引擎提供動力。除了可伸縮的尾輪外，噴火Mk VIII還引入了各種熱帶型改裝作為標準配置，這些改裝已在需要時就添加到早期機型上。

此外，非武裝的照相偵察衍生機型是噴火Mk X和噴火Mk XI。緊隨其後的是具有652公里/小時最高速度的噴火Mk XVI雙任務戰鬥轟炸機。噴火Mk XVI是最後一款使用梅林引擎的量產機型，而在其之後的噴火式機就全都採用勞斯萊斯格里芬（Griffon）引擎了。使用梅林引擎的噴火式機總產量達到18,298架。

格里芬引擎噴火式機

第一款配備格里芬引擎的噴火式機——噴火Mk XII——於1943年推出，作為應對福克-伍爾夫Fw 190的機型。緊隨其後的是由2050馬力的格里芬65型引擎提供動力的噴火Mk XIV戰鬥機和戰鬥轟炸機。噴火Mk XIV於1944年中期服役，同年12月24日，33架噴火Mk XIV襲擊了荷蘭的V-2火箭發射場，這是英國皇家空軍戰鬥轟炸機最大規模的一次攻擊。最後的戰時戰鬥轟炸機噴火Mk XVI由帕卡德梅林266型引擎提供動力，並以與噴火Mk IX類似的衍生型模式生產其衍生機型。

到戰爭結束時，英國皇家空軍接收了噴火Mk XVIII，它配備了執行戰鬥機偵察任務所需的設備，最高時速為712公里/小時。雖然不如陸基戰機那麼成功，但海火式機是為艦隊航空隊大量生產的機型，並且也在梅林和格里芬引擎之間進行了類似的開發，總共完成了2334架海火式機，使得噴火式機所有衍生機型生產數量增加到20,351架。

遠東空軍服役

MV349機是一架由超級馬林公司建造並於1944年末交付的噴火F.Mk XIVE。機身帶有英國皇家空軍遠東空軍（Far East Air Force, FEAF）的標誌。該機運往孟買後，又飛往緬甸，於第28中隊服役，並一直在馬來亞前線作戰直至戰爭結束。

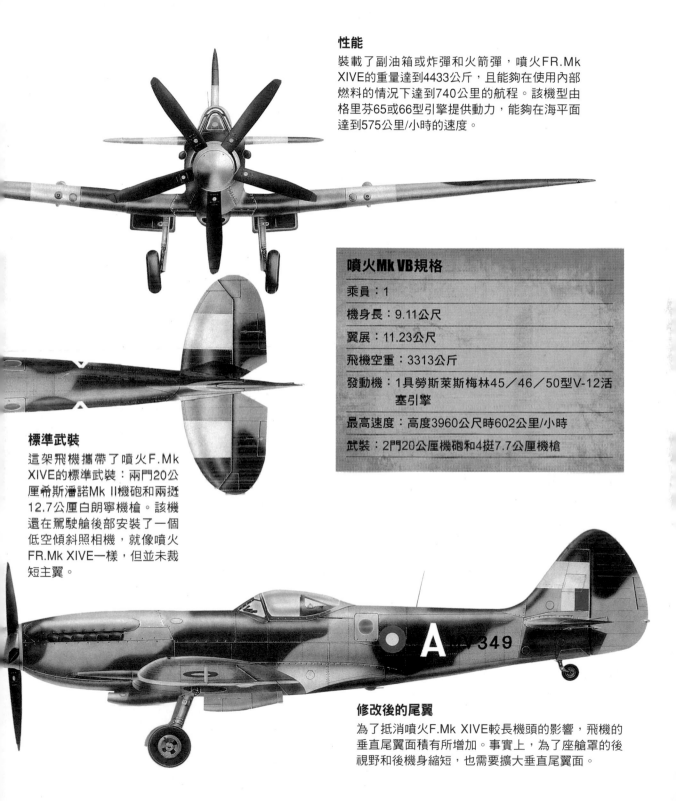

性能

裝載了副油箱或炸彈和火箭彈，噴火FR.Mk XIVE的重量達到4433公斤，且能夠在使用內部燃料的情況下達到740公里的航程。該機型由格里芬65或66型引擎提供動力，能夠在海平面達到575公里/小時的速度。

噴火Mk VB規格

乘員：1	
機身長：9.11公尺	
翼展：11.23公尺	
飛機空重：3313公斤	
發動機：1具勞斯萊斯梅林45／46／50型V-12活塞引擎	
最高速度：高度3960公尺時602公里/小時	
武裝：2門20公厘機砲和4挺7.7公厘機槍	

標準武裝

這架飛機攜帶了噴火F.Mk XIVE的標準武裝：兩門20公厘希斯潘諾Mk II機砲和兩挺12.7公厘白朗寧機槍。該機還在駕駛艙後部安裝了一個低空傾斜照相機，就像噴火FR.Mk XIVE一樣，但並未裁短主翼。

修改後的尾翼

為了抵消噴火F.Mk XIVE較長機頭的影響，飛機的垂直尾翼面積有所增加。事實上，為了座艙罩的後視野和後機身縮短，也需要擴大垂直尾翼面。

B-52 同溫層堡壘

作為美國軍事力量歷久不衰的象徵，卓越的B-52在今天所扮演的角色與它在1960年代戰略空軍司令部名列前茅時一樣重要。當它最終汰除退役時，「大醜胖傢伙」（Big Ugly Fat Fella, BUFF）可能已經服役了80多年。

同溫層堡壘（Stratofortress）早在二戰結束後過沒多久就展開設計，也就是波音464型，最初設想由渦輪螺旋槳引擎提供動力。到了1948年，設計已經修改，包括改為八具普惠J57渦輪噴射引擎的動力裝置。1952年4月15日XB-52原型機首飛，在第二架YB-52原型機之後是三架B-52A用於測試任務，然後是第一個真正的生產型B-52B，於1955年投入服役。

在建造的50架B-52B中，27架被改裝為RB-52偵察機。B-52C在性能和裝備方面得到了顯著的改進，隨後是170架B-52D，其防禦武裝的射控系統有所改進。B-52E（100架）具有更先進的導航和武器投送系統。在完成89架配備性能升級之J57引擎的B-52F之後，1959年轉為生產B-52G，此型同溫層堡壘擁有大幅增加的燃料容量和可攜帶兩枚獵犬（Hound Dog）距外攻擊巡弋飛彈的能力。另一個改變則是將整個機組人員容納在機首艙的新配置，以及配合縮小垂直尾翼的新機尾結構。

最終的H型

B-52共建造了744架，最後一架B-52H於1962年10月交付。B-52H共生產了102架，首機於1961

B-52F

B-52F同溫層堡壘57-0169機是89架F型飛機之一，於西雅圖（Seattle）和威奇托（Wichita）廠（分別為44架和45架）生產。B-52F於1958年5月6日首次試飛，名為「雷電快車」（Thunder Express），駐紮在關島的安德森空軍基地，執行了68次在越南上空的戰鬥任務。

獵犬飛彈

GAM-77（後來的AGM-28）獵犬距外攻擊飛彈是1961年至1976年間戰略空軍司令部B-52G/H部隊的主要武器。獵犬採用慣性導引系統和電子反制措施，並攜帶1百萬噸級熱核彈頭。

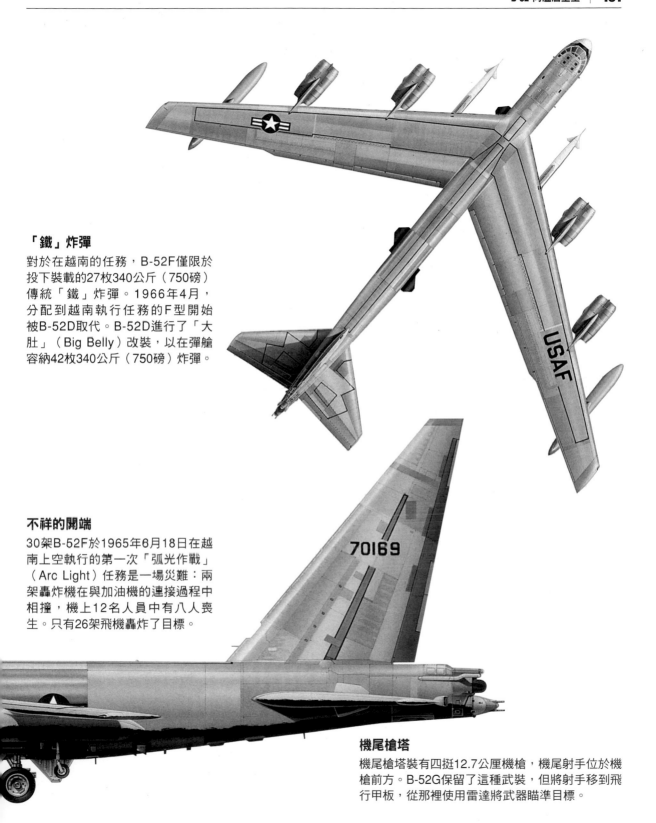

「鐵」炸彈

對於在越南的任務，B-52F僅限於投下裝載的27枚340公斤（750磅）傳統「鐵」炸彈。1966年4月，分配到越南執行任務的F型開始被B-52D取代。B-52D進行了「大肚」（Big Belly）改裝，以在彈艙容納42枚340公斤（750磅）炸彈。

不祥的開端

30架B-52F於1965年6月18日在越南上空執行的第一次「弧光作戰」（Arc Light）任務是一場災難：兩架轟炸機在與加油機的連接過程中相撞，機上12名人員中有八人喪生。只有26架飛機轟炸了目標。

機尾槍塔

機尾槍塔裝有四挺12.7公厘機槍，機尾射手位於機槍前方。B-52G保留了這種武裝，但將射手移到飛行甲板，從那裡使用雷達將武器瞄準目標。

北達科他州邁諾特空軍基地第5轟炸聯隊的一架B-52H，在美國西部上空接受猶他州空軍國民兵KC-135同溫層加油機的空中加油。B-52仍然是美國空軍主要的有人駕駛戰略轟炸機。

年5月交付給戰略空軍司令部，並於1963年終止此型機的生產。B-52H導入了新的動力裝置，採用無需注水加力、更強大的TF33引擎，並以六管機砲（之後拆除並更換為電子反制裝置）取代了四挺12.7公釐機尾機槍。

在越戰期間，B-52D和B-52F經過改裝以攜帶大量炸彈。

今天的B-52H具有投射核子和傳統武器的雙重任務，最多可攜帶20枚空射巡弋飛彈（Air-Launched Cruise Missiles, ALCM）。除了核彈頭空射巡弋飛彈之外，它還可以攜帶傳統彈頭空射巡弋飛彈（Conventional Air-Launched Cruise Missile, CALCM），該飛彈在1991年沙漠風暴作戰期間首次用於戰鬥。

沙漠風暴和聯軍

同溫層堡壘的作戰彈性在沙漠風暴作戰和盟軍行動中再次體現出來。B-52襲擊了廣域部隊集結點、固定設施和掩體，並摧毀了伊拉克共和衛隊（Republican Guard）的士氣。1996年9月2日至3日，作為沙漠打擊作戰的一部分，兩架B-52H用13枚AGM-86C傳統彈頭空射巡弋飛彈襲擊了巴格達的發電廠和通訊設施，這是當時航程最長的單一作戰任務，從路易斯安那州的巴克斯代爾空軍基地往返飛行34小時，全程達25,750公里。

2001年，B-52為永續自由行動的成功做出貢獻，提供了在戰場上空盤旋並藉由精確導引彈藥施展近接空中支援的能力。B-52也在伊拉克自由行動中發揮了作用。2003年3月21日，B-52H在夜間任務中發射了大約100枚傳統彈頭空射巡弋飛彈。

時至今天，只有H型仍在美國空軍服役。它被

B-52H規格

乘員：5

機身長：49.05公尺

翼展：56.39公尺

飛機空重：88,450公斤

發動機：8具普惠TF33-P-1渦輪噴射引擎

最高速度：1011公里/小時

武裝：大約31,751公斤（70,000磅）的軍械，包括炸彈、水雷和飛彈

第1708轟炸機聯隊（暫編）的一架B-52G在沙漠風暴作戰期間起飛執行任務。1991年2月16日，路易斯安那州巴克斯代爾空軍基地的七架B-52共攜帶39枚AGM-86C傳統彈頭空射巡弋飛彈執行此任務，針對八個伊拉克優先目標發動襲擊。B-52G機群在空中飛行35小時後返回巴克斯代爾。

分配到北達科他州邁諾特空軍基地的第5轟炸聯隊和巴克斯代爾空軍基地的第2轟炸聯隊，隸屬於空軍全球打擊司令部。該型機還被分配到巴克斯代爾空軍基地的空軍預備役司令部第307轟炸聯隊。

越戰迷彩

這架第2航空軍B-52D擁有越戰時期以光澤黑為底色的綠色及棕褐色雙色迷彩。其垂直尾翼還塗飾了與B-52G之前所屬單位有關的標誌。服役於東南亞的D型以關島和泰國的烏打拋為基地。

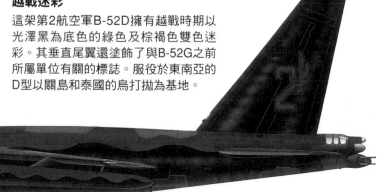

早期特徵

除了高大的垂直尾翼翼面，B-52的所有早期機型都在尾部配備了有人槍塔，且J57引擎在這些機型中都是標準配置。D型是最常見的早期機型。改造為傳統轟炸機後，可攜帶105枚340公斤（750磅）炸彈。

米格-21

歷史上的任何噴射戰鬥機都不可能像蘇聯設計的米格-21那樣，在世界眾多不同角落歷經的戰鬥如此之多。該機到了21世紀仍在生產，並且仍然是許多空軍的一線作戰機型。

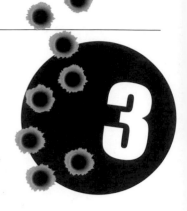

1955年2月，米高揚-格列維奇的新型戰鬥機首次以Ye-2原型機出現，包括後掠翼和尾翼以及一具臨時採用的RD-9引擎。同年稍晚完成的Ye-4修改了基本配置，並將後掠尾翼與三角主翼結合在一起。1956年，Ye-5與最終的R-11引擎一起出現，而將舊型RD-9引擎與輔助火箭助推器相結合的Ye-50則被證明是一個進化過程中的死胡同。最初的後掠翼配置隨後裝置了R-11（Ye-2A）進行測試，然後才決定將三角翼機型投入生產。第一架預量產機於1957年在提比利斯完成。

第一款批量生產的「魚床」（Fishbed，米格-21的北約代號）是米格-21F——一種基本型日間戰鬥機，以Ye-6的原型形式進行了試驗，具有最終的三角翼和R-11引擎組合。1959年，一架Ye-6被專門改裝以取得多項封閉航路速度紀錄。同年，米格-21PF量產型的原型Ye-7出現，特點是尺寸增加的引擎進氣口。1959年在提比利斯開始量產，1960年交付給蘇聯。為了滿足機組人員訓練的新需

印度版

米格-21FL是米格-21PF的外銷機型，由印度斯坦航空工業有限公司（Hindustan Aeronautics Limited）在印度製造。這架飛機在1973年之前一直在第一「老虎」中隊服役。儘管年代久遠，但米格-21FL直到2017年初仍在印度空軍服役。

米格-21bis規格

乘員：1

機身長：14.7公尺

翼展：7.15公尺

飛機空重：5895公斤

發動機：1具圖曼斯基（Tumanskii）R-35-300後
燃渦輪噴射引擎

最高速度：2.1馬赫（2230公里/小時）

武裝：1門23公厘GSh-23L雙管機砲，以及四個翼
下掛架最多1500公斤（3307磅）的武器酬載

*50多年來，印度空軍已經使用了一系列米格-21機型，
包括這款米格-21FL。在完成最新的升級計劃後，
作為米格-21UPG服役，並被印度空軍稱為「野牛」
（Bison）。*

武裝

除了中心線上攜帶的GP-9機砲莢艙外，這架米
格-21FL還配備了一對K-13A〔AA-2環礁（Atoll）〕
追熱空對空飛彈。儘管在戰鬥中被證明不可靠，但這
些武器構成了早期米格-21的主要飛彈武器。

求，1960年以原型機Ye-6U形式生產了雙座機型，並作為米格-21U投入生產，隨後用於訓練的雙座機型是米格-21US和UM。

第一代米格-21單座生產機型只有少數作為預量產系列被製造出來，93架米格-21F是首款量產機型，而米格-21F-13則是第一款配備飛彈武裝的量產機型。

第二代魚床是配備RP-21雷達和選配飛彈武裝的米格-21PF全天候戰鬥機。米格-21FL是PF型的雷達功能及引擎推力降級外銷機型。米格-21PFS則是PF型加裝了用於邊界層控制的吹氣襟翼。此系列的最終機型是米格-21PFM，升級了雷達和航空電子設備，並重新引入了機砲武裝。

緊隨其後的第三代米格-21，首推為多任務及專用偵察機型米格-21R。米格-21S是一種戰術戰鬥機，配備RP-22雷達和額外的燃料容量。S型的外銷款是降級為RP-21雷達和內置機砲的米格-21M。內置機砲也是米格-21SM的一個特點，配備了R-13-300引擎。米格-21MF也是外銷款機型。具有擴大脊背的米格-21SMT則是將額外的燃料容量引入SM型發展而成。

而最終的第四代魚床則是米格-21bis，有bis LASUR（Ground Controlled Intercept, GCI，地面管制攔截系統）和bis SAU（Sistema Avtomaticheskovo Upravleniya，自動控制系統）兩款衍生機型，並授權印度生產。主要特點是使用全新的R-25渦輪噴射引擎。

中國製

多年來，米格-21以成都殲-7的形式成為中國戰鬥機機隊的骨幹。該機型在中國和其外銷用戶（F-7）中仍被廣泛使用。殲-7系列機型的生產工作最終於2013年5月結束，當時一批F-7被運交孟加拉，但最新的殲教-9（JL-9）教練機是經過大量改進的殲-7衍生產品且仍在製造中。

友好訪問

這架米格-21bis在1974年8月友好訪問芬蘭庫奧皮奧-里薩拉空軍基地期間，為西方觀察員提供了寶貴的情報。操作單位是第34「普羅斯庫羅夫斯基」（Proskurovskiy）近衛戰鬥機航空團。

引擎

最終型的米格-21bis由R-25引擎提供動力，這是R-11系列的終極型，在低空飛行時可提供97.1千牛頓（9,901公斤）的最大推力輸出。

先進航空電子

雖然LASUR機型配備了地面管制攔截（GCI）設備以與蘇聯防空部隊兼容，但它在SAU機型中被儀器降落系統（Instrument Landing System, ILS）取代。

C-130 力士式運輸機

2

無處不在的洛克希德力士式機可能是世界上最著名的軍用運輸機。這架飛機自1950年代首飛以來幾乎沒有什麼改變,可歸功於其設計固有的品質。然而,今天的C-130J是一種功能更強大的飛機,擁有更強力、更高效的引擎和最先進的航空電子設備。

洛克希德公司於1951年1月在喬治亞州的瑪麗埃塔開設了工廠,至今仍是世界上持續運行時間最長的軍用飛機生產線所在地。前兩架C-130原型機於1953年在該工廠開始製造,第一架量產型機於1955年4月7日也在瑪麗埃塔試飛。美國空軍的第一架力士式機於1956年1月交付,其生產線已向全球60多個國家交付了2500多架飛機。

作為最普遍使用的西方軍用運輸機,基本型C-130已被證明是一種熱門選擇,可以適應基本運輸職責以外的一系列任務。AC-130適用砲艇機用途,並首見於越戰期間服役運用。DC-130用於無人靶機控制機;EC-130用於電戰機;HC-130用

AC-130A規格

項目	規格
乘員:	13
機身長:	29.79公尺
翼展:	40.4公尺
滿載重量:	55,520公斤
發動機:	4具艾里遜T56-A-15渦輪螺旋槳引擎,每具4,910馬力
最高速度:	480公里/小時
武裝:	2門20公厘火神機砲、2挺7.62公厘機槍、2門40公厘博福斯(Bofors)機砲

AC-130A「夜行者」

名為「夜行者」(Night Stalker)的這架AC-130A在加入空軍後備部隊第711特種作戰中隊之前曾在越南服役,序號55-0011機於1994年退役。該部隊曾以砲艇機參與巴拿馬的戰鬥及1991年的沙漠風暴作戰。

武器

按照最初的設置，AC-130A配備了四門20公厘火神機砲和四挺7.62公厘迷你機槍。在「驚喜套件」（Surprise Package）和「快速鋪路」（Pave Pronto）改裝計劃下，AC-130A進一步改裝了兩門40公厘機砲，取代了兩門20公厘武器。隨後的AC-130E／H型號增加了更重型的105公厘榴彈砲。

初始轉換

AC-130A最初打算作為AC-47和AC-119的後續機型，後者已在越南驗証了固定翼空中砲艇機的概念。量產第13架C-130A於1965年開始轉換為AC-130A標準，最初名稱為砲艇機II（Gunship II）。

任務改裝

除了武器，AC-130A還配備了特定任務套件，包括夜間照明彈、探照燈和感測器，以及前視紅外線目標獲得和直視像增強器。

一架在索馬利亞支援「恢復希望行動」（*Operation Restore Hope*）的美國海軍陸戰隊KC-130加油機。這架飛機來自駐紮加州埃爾托羅海軍陸戰隊航空站的第352空中加油及運輸中隊。一架美國海軍陸戰隊AH-1眼鏡蛇（*Cobra*）攻擊直升機正準備降落加油。

軍事援助

隨著美國空軍添加越來越多先進的C-130J，許多第一代C-130運輸機可供轉讓給美國盟友。其中包括轉讓給伊拉克空軍的C-130E。伊拉克接收了1962年至1963年間建造的三架C-130E，但其累積的飛行時數相對較少。

於長程搜救機；JC-130用於臨時測試機；KC-130用於空中加油機；LC-130用於極地作業機；MC-130用於特種作戰支援機；NC-130用於永久測試飛機；RC-130用於偵察機；VC-130用於工作人員及要員運輸機；WC-130用於氣象觀測機。

持續改良

前兩架YC-130A原型機由洛克希德公司在其加州「臭鼬工廠」完成，隨後的飛機在瑪麗埃塔製造，從1955年12月開始交付C-130A給美國空軍。最初量產機型之後是C-130B，導入了四葉螺旋槳和增加燃料容量等改良。1961年，開始生產改良型C-130E，由T56-A-7引擎提供動力，每具引擎4050馬力，最大起飛重量增加到79,379公斤。

第一代力士式機的最終機型是C-130H，保留了T56引擎，但能夠在2298公里的範圍內運送19,686公斤的酬載。儘管C-130H是為外銷市場開發的，但於1975年4月開始交付給美國空軍。

C-130H的主要改變包括改良的剎車和強化的機翼中央段，其特殊衍生機型是為英國皇家空軍生產的C-130K，配備了英製航電系統和設備。另提供了兩種獨立的C-130H／K型號：基本型H／K和H-30／K-30，特點是機身加長4.57公尺，並將兵員搭載容量從92名士兵增加到128名士兵。

從20世紀後期開始，洛克希德-馬丁公司推出了第二代力士式機C-130J，該公司稱之為超級力士式運輸機。相較於最初機型，它具有長足的改進及發展，充分利用了現代技術和航空電子設備。主要區別在於動力裝置，它現在由四具AE 2100渦輪螺旋槳引擎構成，驅動道蒂（Dowty）公司的高效

電子作戰

在1980年代，這種祕密的EC-130E（RR）鉚釘騎士（Rivet Rider）改裝機旨在特殊作戰和國家危機期間，可用於空中無線電／電視中繼和傳送站。改裝項目包括VHF和UHF全球格式彩色電視訊號傳送、紅外線反制和垂直拖曳線形天線。

螺旋槳，每副螺旋槳包括六個彎曲的複合材料葉片。其他重大改變包括配備四個平板液晶顯示器的雙人「玻璃」數位駕駛艙。與之前的機型一樣，超級力士式運輸機具有標準長度以及加長機身的C-130J-30機型。

事實證明，C-130J與第一代力士式機一樣具有適應性。目前美國空軍的現役機型包括：基本的C-130J／J-30運輸機；配備30公厘機砲、105公厘榴彈砲及精確導引彈藥，用以攻擊地面目標的AC-130J幽靈騎士（Ghostrider）砲艇機；EC-130J「突擊隊獨奏」（Commando Solo）心戰機經過改裝，可用於軍事訊息支援作戰（Military Information Support Operations, MISO）和調頻廣播、電視和軍事通訊頻段的民政廣播；MC-130J「突擊隊II」（Commando II）是最新的特種作戰機型，用於執行包括對直升機和傾轉旋翼飛機空中加油、滲透、滲出、空投或空地補給特種部隊在內的任務。最後，WC-130J是當前使用的氣象觀測機型，用於研究熱帶風暴、颶風和冬季風暴。

P-51 野馬式戰鬥機

北美公司的P-51號稱是二戰中最佳的全能單座戰鬥機。憑其卓越的性能、敏捷性和操控性的平衡設計,以及令人艷羨的戰鬥紀錄,它可能是有史以來最偉大的戰鬥機。

P-51最初設計於1940年,以滿足英國的需求。這產生了北美NA-73設計,其原型於1940年10月首次出現。在其初始設計中,該戰鬥機由一具1100馬力的艾里遜V-1710-F3F直列引擎提供動力。兩架早期XP-51飛機也被美國陸軍航空隊測試評估,但沒有下訂單。相反地,最初生產的飛機大部分都交付給了英國皇家空軍,成為野馬Mk IA和Mk II並投入服役。這兩種機型共有620架提供給英國皇家空軍。早期的野馬式機特別適合低空作戰,並擁有令人印象深刻的航程,使其被分配到地面支援(陸軍協同作戰)任務。

美國於1941年12月參戰後,P-51最終被美國陸軍航空隊採用。最初的訂單包括148架飛機,配備四門20公厘機砲和機翼下的炸彈掛架。在這種武裝配置中,飛機被命名為A-36A,再次用於地面支援任務。

梅林引擎

在英國,野馬式機的開發工作仍在繼續,英國勞斯萊斯梅林引擎的加入永遠改變了野馬式戰鬥機的命運。經如此改裝的前四架飛機在性能方面立即給人留下了深刻的印象。然而與此同時,美國陸軍航空隊堅持使用艾里遜引擎,並於1942年訂購了310架P-51A。P-51A結合了1200馬力的艾里遜V-1710-81引擎和減裝的四挺12.7公厘主翼機槍。

正是由於梅林引擎提供的優勢,該引擎開始由

發動機

P-51C是由帕卡德V-1650-7(勞斯萊斯梅林61型的授權生產型)提供動力。P-51C配備了精緻的引擎裝置,在螺旋槳下方的化油器進氣口兩側有一個矩形進氣口。

武裝

P-51B／C的機槍僅限於四挺12.7公厘白朗寧MG53-2機槍。內側機槍彈量350發,而外側機槍彈量有280發。

P-51D規格

乘員：1

機身長：9.85公尺

翼展：11.28公尺

飛機空重：3232公斤

發動機：1具帕卡德勞斯萊斯梅林V-1650-7活塞
　　　　引擎

最高速度：高度7620公尺時704公里/小時

武裝：機翼上6挺12.7公厘機槍，以及最多可掛
　　　載2枚454公斤（1000磅）炸彈或6枚127
　　　公厘火箭彈

塔斯基吉飛行員

這架「梅肯美女伊娜」（Ina the Macon Belle）由李·阿徹（Lee 'Buddy' Archer，1919～2010）駕駛，他是美國陸軍航空隊種族隔離期間最高擊墜敵機數的非裔美國飛行員。在阿拉巴馬州塔斯基吉接受飛行訓練後，阿徹被派往義大利戰區的第15航空軍第332戰鬥機大隊。他的官方擊墜敵機數紀錄為四架。

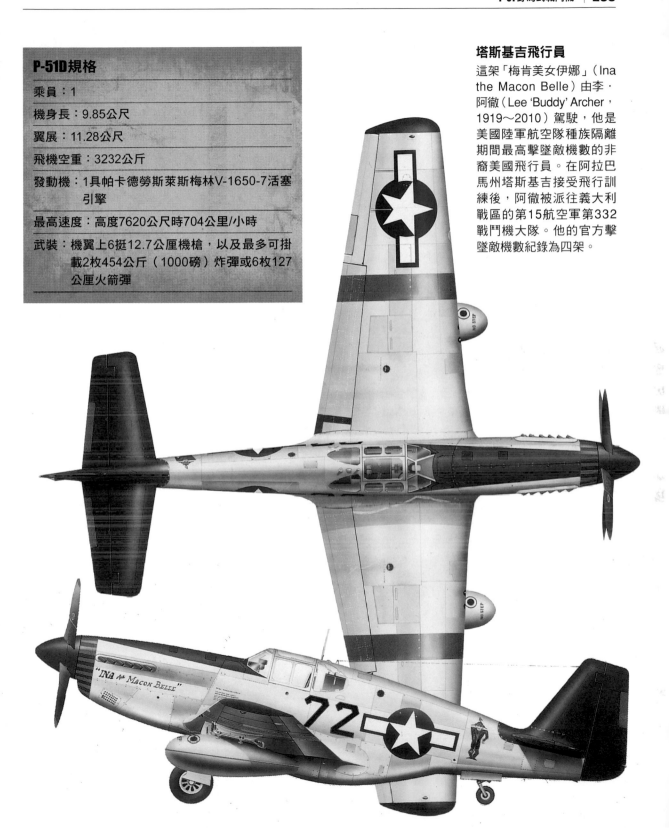

P-51B「頂好」（DING HAO!）

作為美國志願援華航空隊（飛虎隊）的一員，詹姆斯·霍華德（James Howard，1913～1995）少校的野馬式機擁有日本和德國的擊墜標記。這架飛機是霍華德領導美國第9航空軍第356戰鬥機大隊時的座機。

F-6D「小瑪格麗特」（Lil' Margaret）

F-6D是野馬式機的偵察機型，經過修改的機身後部增加了照相設備。此機由克勞德·易斯特（Clyde B. East，1921～2014）上尉駕駛，他於第10照相偵察大隊第15戰術偵察中隊服役期間取得了13場空戰勝利，是該單位的頂尖王牌。

美國帕卡德公司製造，用於裝備P-51B。P-51B由帕卡德製造的梅林V-1650提供動力，是第一個大量生產的野馬機型，英格爾伍德（Inglewood）的生產線共製造了1988架。另外1750架類似的P-51C在德州達拉斯完成。而後期生產的P-51B／C則配備了改進的六挺機槍和額外的燃料容量，航程為3347公里——足以為從英國起飛到柏林執行任務的轟炸機護航。

P-51D進行了進一步的改良，特點是淚滴型座艙罩和被縮減的後機身，以改善飛行員的視野。在英國皇家空軍服役的P-51D被稱為野馬Mk IV，它替換了早期的野馬Mk III（P-51B／C）。雖然P-51D有足夠的續航力和敏捷性，可以陪伴重型轟炸機前往德國，並與德國空軍最好的戰鬥機作戰，但後繼的P-51H提供了另一項性能提升。H型是戰時P-51系列最快的機型，藉由減輕機身重量，獲得了784公里/小時的最高速度。它在二戰終結前共完成了555架。P-51的總產量為15,586架，其中包括7956

時至今日，P-51已是戰鳥賽道（warbird circuit）上非常受歡迎的表演者，並且經常出現在世界各地的航空展上。光是在美國，就有200多架私人擁有的P-51在美國聯邦航空局註冊，其中大部分仍在飛行。此機是P-51D「兇猛的弗蘭基」（Ferocious Frankie），它是二戰古董機及好萊塢大片明星，目前由英國的老飛行機器公司（Old Flying Machine Company）收藏。

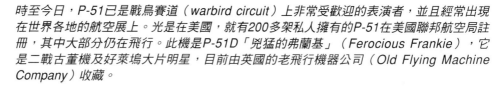

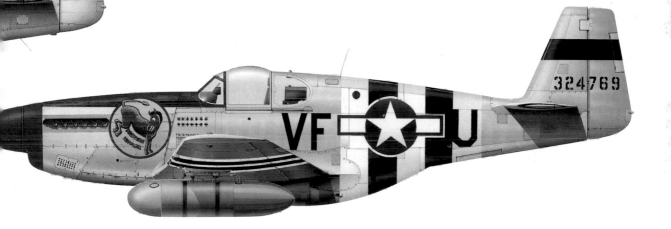

架P-51D和1337架類似的P-51K，後者配備了航空器材公司的新式螺旋槳。

　　戰後，野馬式機仍然大規模服役（1948年6月後被稱為F-51），並衍生出F-82雙野馬式機——兩個機身和動力裝置連接在一個共同的機翼上。F-51和F-82在韓國服役於美國空軍和澳大利亞皇家空軍。值得注意的是，最後一批前線服役的野馬式機是服役於多明尼加共和國空軍，而且直到1984年才除役。

P-51B「密蘇里拳手」（Missouri Mauler）

這架飛機由威拉德‧密利根（Willard 'Millie' Millikan，1918～1978）上尉駕駛，他累積了13次擊墜敵機紀錄。密立根的職業生涯走上了一條不尋常的道路：最初被美國陸軍航空兵團拒絕後，他在加拿大皇家空軍度過了一段不如意的時期，後來成為美國陸軍航空隊的成功王牌。隨後他在韓戰期間領導了一個噴射戰鬥機部隊。

索引